역사가 묻고 、 화학이 답하다

장홍제 지음

역사가 묻고

화학이 답하다

시간과 경계를 넘나드는 종횡무진 화학 잡담

지상의 책

역사와 화학이 교차하는 순간에 대한 이야기

저는 화학자입니다.

다른 화학자들과 연구에 대해 의미 있는 토의도 하고 잡담도 합니다. 실험실 학생들과 실험 주제에 대해 상의하거나 잡담도 합니다. 논문을 쓰고 세미나도 하고 잡담도 합니다. 간혹 기회가 닿고 마음이 동할 때는 책을 쓰기도 합니다. 이런저런 기회로 화학에 대해 여러분과 잡담을 하고 싶어 책을 몇 권 써왔습니다. 그리고 지금 이 책의 머리말을 통해서도 여러분들에게 잡담을 남길 수 있게 되었습니다.

무슨 말을 멋있게 던져볼지 고민이 많았습니다. '화학은 재미있다, 세상 모든 것은 물질과 화학으로 이루어졌다, 화학을 이해하면 약과 독, 첨단 기술과 미래, 과거와 현재를 이해할 수 있다…….' 그럴듯한 말들이라 생각해왔는데, 책을 쓸 때마다 이런 말을 하다 보니 저부터 다소 식상하다고 느낍니다.

사실 이 책은 제가 가장 단기간에 집중해서 원고를 정리한 책입니다. 성의가 없었다거나 대충 짜깁기했다는 소리는 절대 아닙니다. 2021년 크리스마스 날, 저는 영하 12도의 아침 기온을 뚫고 커피 한 잔을 마시고 싶어 동네 카페로 잠시 산책을 다녀왔습니다. 모두가 즐거운 날 저는 무슨 잘못을 저질렀던 걸까요. 갑작스럽게 안경에 김이 서리며 앞을 보지 못해 높지 않은 계단에서 발을 헛디뎠습니다. 차라리 발가락이었다면 좋았으련만, 복숭아뼈 밑 입방골과 발 바깥쪽의 5중족골이 깨졌습니다. 전치 6주라고 했습니다. 저는 크리스마스에 병원 응급실에서 깁스를 한 후, 원고를 마무리하는 이 시간까지 소파에 달라붙어 글만 쓰고 있습니다. 그래서 가장 단기간에 집중해서 원고를 쓸 수밖에 없었습니다. 달리 할 수 있는 일이 없었다는 것이죠.

나쁘지는 않았습니다. 역사와 화학에 대해 그동안 해보고 싶던 이야기를 마음껏 해봤습니다. 글을 쓰다 보니 유튜버도 해보고 싶어졌습니다. '폭탄마 장홍제'라는 채널을 개설해 사제 폭발물을 만드는 방법을 보여주고, 만든 폭발물을 야산에서 터뜨려 많은 구독자를 모집하고 싶었습니다. 그런데 알고 보니 사제 폭발물을 만들면 위법이라고 합니다. 그래서 이번에는 안전한 범위까지만 다루기로 하고 폭발물과 최루탄, 화약에 대한 글을 써봤습니다.

주위 사람들에게 교양 있는 사람인 척하기에는 음악이나 미술이 좋아 보였습니다. 그래서 어디에서도 자세히 듣기 힘들 음악과 미술에 관련된 화학 이야기를 또 남겨봤습니다. 최근 소파에 앉아 사극을 보다 생각났던 사약에 대해서도, 연금술에 대해서도 글을 써봤습니다. 지적 욕구를 충족하는 데뿐만 아니라, 인생의 어느 순간

아는 척이 필요한 긴박한 때에도 여러분들에게 도움이 되기를 바랍니다.

화학사를 다루는 것이 아닌 역사와 화학이 교차하는 순간에 대해 이야기를 풀어내는 것은 즐거웠지만 쉽지는 않았습니다. 하지만 완성본은 무조건 재미있을 거라 생각합니다. 유일한 제 염려는 책 내용이 너무 어렵지 않을까 혹은 너무 쉽지 않을까 하는 것입니다. 하지만 크게 걱정하지는 않습니다. 이 책을 찾아 여기까지 도착하신 분은, 분명 역사도 화학도 좋아하실 게 분명하기 때문입니다. 아직은 좋아하지 않더라도 독서를 마치면 좋아하게 될 겁니다.

저는 화학자니까요.

2022년 장홍제

3부 인간은 화학을 어떻게 사용해야 할까

반전 있는 이야기
- 거울상 이성질체와 대칭에 대하여

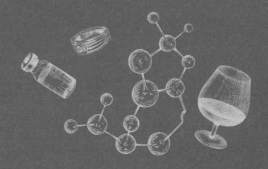

1부

역사에는
화학이 있었다

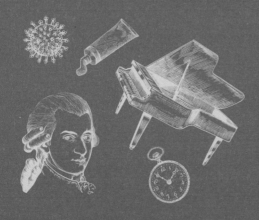

사약이 무엇인지
정확하게 설명하지
못하는 이유

죽음에 이르게 하는
약의 정체

약으로 처형하다

"죄인은 사약을 받으라!"

조선 시대를 배경으로 한 사극에서 모함, 반란, 음모, 역모 등 수많은 갈등은 대부분 자연스러운 화해보다는 선한 역할이든 악인이든 누군가는 목숨을 잃는 방식으로 해결됩니다. 계급이 있던 시대였던 만큼, 형벌과 처형 방식의 종류도 다양했습니다. 마을에서 평민들 사이에 벌어졌던 사건·사고는 사또(파견된 관리를 의미하는 사도, 즉 使道의 속칭)가 곤장이나 멍석말이 등 물리적인 처벌을 명령하여 처리합니다. 한편, 고관대작이나 왕족이 죄를 저지르면 국왕 직속 사법기구인 의금부(義禁府)의 붉은 옷을 입은 관리들이 집행하는 사약을 들이마셔 화학적인 처벌이 이루어지는 장면이 빈번히 보입니다. 사약은 겉보기로는 건강을 위해 처방받곤 하는 한약(韓藥)과 똑같이 검은 액체지만, 마셨을 때 신체에 나타나는 결과는 사뭇 다릅니다. 사극에 따라 사약의 표현 방식이 크게 다르기도 합니다. 사약을 마시고 피를 토하며 가슴을 부여잡는 장면, 경련을 일으키며 거품을 물고 쓰러지는 장면 등을 본 기억이 납니다. 심지어는 한 사발 마시고 멀쩡히 방으로 들어가 이불을 덮어쓰고 묵묵히 죽음을 기다리는 모습으로 표현되기까지 합니다. 그런데 이제는 사약의 재료에 함유되어 있었던 화학물질의 종류를 정확히 추리할 수 있고 인체에 발생하는 반응도 설명할 수 있을 것 같지만, 의외로 사약이 무엇인지 정확히 설명하기는 여전히 어렵습니다. 그 이유는 무엇일까요?

사약은 그 용도로 인해 '死藥'이라 생각하는 이들이 많습니다. 하지만 사약의 한자 표기는 賜藥으로, 죽음에 이르게 하는 약이 아닌 '하사받은 약'이라는 의미입니다. 적어도 사대부나 왕족 정도의 인물이 사약으로 처형될 수 있었으며, 목을 베는 참형(斬刑)이나 능지처참(陵遲處斬)과 같이 신체에 훼손이 가해지는 방식이 아니었고 명예가 지켜질 수 있었기 때문에 약 내림을 감사하며 형벌을 받을

사약은 한약의 일종이다. 비록 제조법이 전해 내려오지 않고 건강 증진이 아닌 처형이 목적이었지만.

수 있었습니다.

　문제는 사약으로 처형당한 인물들에 대해서는 기록이 남아 있지만, 사약을 무엇으로 어떻게 제조할 수 있는가에 대해서는 전해지는 기록이 전혀 없다는 점입니다. 도구 제조, 농사법, 조리법 등 전문적인 분야의 가치 있는 기술들은 구전이나 기록으로 후세에 전달되기 마련입니다. 하지만 사약은 당시 취급 가능했던 천연물로 만들어졌을 것이며 사람의 목숨을 앗아갈 수 있는 일종의 독(毒)이었기에 관리가 필요했습니다. 더욱이 사약의 제조는 궁중 의약을 담당하는 관청이었던 내의원에서 주관했기 때문에 제조법이 철저하게 비밀에 부쳐졌습니다. 하지만 한의학의 발달 과정에서 알아낸 여러 약초나 광물의 효능과 위험성을 기준으로, 그리고 다양한 왕래가 있었던 주변 국가들의 경우를 바탕으로 성분을 추측할 수는 있습니다.

사약은 무엇으로 만들었을까

사약 재료로 쓰였을 것으로 생각되는 가장 유력한 식물은 투구꽃(*Aconitum jaluense*)입니다. 짙은 보라색 꽃이 피어 관상용으로 쓰이기도 하는 투구꽃은 뿌리에 매우 강한 독이 있는 식물입니다. 들어 있는 독성 물질로는 학명에서 유래한 아코니틴(aconitine)이 대표적입니다.[1] 자연적으로 식물이 체내에서 합성한 유기 화합물 중 질소를 포함하고 있는 물질이며 인체에 영향을 미치는 종류를 알칼로이드(alkaloid)라 구분합니다. 양귀비의 덜 익은 꼬투리에서 모은 유액으로 만든 아편의 중요 성분인 모르핀(morphine)이나 키나나무 껍질에서 추출되어 말라리아 기생충 치료제로 사용되는 퀴닌(quinine)이 대표적인 알칼로이드입니다. 인체에 부정적인 영향을 끼치는 알칼로이드 역시 매우 다양한데 벨라도나나 미치광이풀 줄기에서 얻을 수 있는 아트로핀(atropine)은 신경 작용을 차단해 마비나 사망을 유발하며 마전자 나무 씨앗에서 발견된 스트리크닌(strychnine)은 근육 경련과 질식을 일으킵니다.[2] 하지만 아트로핀이나 스트리크닌 역시 심각한 문제를 일으키지 않을 정도의 소량을 사용한다면 수술 보조제, 각성제나 위장병 치료약 등의 효과를 얻을 수 있습니다. 투구꽃의 아코니틴 역시 대표적인 알칼로이드 물질이며 체내에서 신경 신호를 전달해 생명 유지와 호흡을 비롯한 모든 조절에 작용하는 소듐 이온(Na^+) 통로를 여는 작용을 합니다. 그 결과로는 호흡곤란과 신경발작을 포함한 심정지가 일어나게 됩니다.

투구꽃은 한약재인 초오(草烏)나 부자(附子)라는 명칭으로도 불립니다. 투구꽃의 뿌리는 줄기에 연결된 큰 덩이뿌리인 초오, 그리고 주위에 연결된 조금 더 작은 덩이뿌리들인 부자로 나뉩니다. 부자는 뜨거운 성질의 약초로 몸에 열을 발생시켜 냉증을 치료한다고 알려져 있습니다. 한약재로 사용하기 위해서는 효능을 살리고 독성을 줄이기 위해 다양한 방식의 법제(法製) 과정이 필요합니다. 부자의 경우 뜨거운 불에 굽는 등 열을 처리하는 방식으로 독성을 제

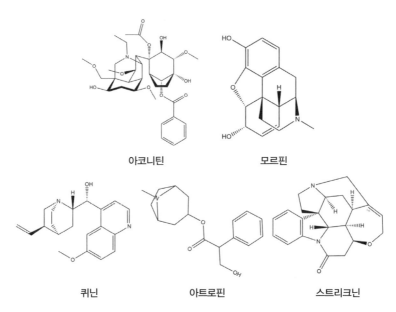

아코니틴	모르핀

퀴닌	아트로핀	스트리크닌

식물에서 얻을 수 있는 알칼로이드 물질은 인체에 다양한 영향을 끼친다.

거할 수 있습니다. 아코니틴의 화학구조를 자세히 들여다보면 여러 개의 고리들로 이루어진 골격에 에스터(ester) 결합으로 연결된 두 부분을 찾아볼 수 있습니다. 에스터 결합은 하나의 탄소와 두 개의 산소로 이루어진 중간 형태에 두 개의 탄소 골격이 연결된 모양을 의미합니다. 즉 $R_1-O(C=O)-R_2$와 같습니다(R_1와 R_2는 탄소 골격들을 의미합니다). 탄력과 강도를 모두 갖춘 합성 고분자인 나일론이나 진통제인 아스피린을 만드는 데 가장 중요한 화학 결합이며, 인체 내의 지방과 지질의 구조를 유지하는 핵심입니다. 아코니틴에는 육각형 모양의 벤젠 구조가 에스터 결합으로 연결된 형태의 벤조산(benzoic acid)과 두 개의 탄소로 구성된 조각인 아세트산(acetic acid)이 존재합니다. 에스터 결합의 특징은 물에서 강한 산성 물질과 혼합되면 가수분해(hydrolysis)라는 화학 반응을 통해 알코올과 카복실산으로 분해된다는 것, 그리고 고열을 가할 경우 일산화 탄소나 이산화 탄소를 배출하며 분해될 수 있다는 점입니다. 아코니틴에 열을 가할 경우, 벤조산 에스터가 파괴된 구조인 아코닌(aconine)이나 아세트산 에스터가 파괴된 벤즈아코닌(benzaconine)이 만들어집니다. 열처리를 통해 만들어진 이 두 구조는 아코니틴에 비해 독성이 매우 낮아집니다.[3]

열처리를 하지 않은 부자 생즙을 사용한다면 사약의 효과는 더욱 좋을 것입니다. 열이 오르는 현상은 신경 독성 물질들이 부교감 신경을 파괴하는 과정에서 발생하는 일일 수 있습니다. 열이 오르는 효과를 더욱 높이기 위해 사약을 먹은 이를 방에 가두고 아궁이에 불을 지펴 온돌방을 달구기도 했습니다.

부자에 대해 좀 더 알아보면 위험성과 더불어 흥미로운 점을 발견할 수 있습니다. 우선 부자가 속한 미나리아재비과 식물들은 알칼로이드 독을 포함하고 있어 초식 동물들도 먹지 않고 피한다는 점입니다. 하지만 수많은 희생 끝에 독버섯을 구분해 식용 버섯을 먹고, 독사를 피해 뱀을 잡아먹고, 독이 있는 부위를 알아내 복어를 손질해 먹을 수 있게 된 사람들은 독성이 낮은 어린 새싹을 뜨거운 물에 삶아 독을 분해하는 방식을 통해 식용 나물로 사용하기에 이릅니다.

한편, 현대 사회에서 아편을 임의로 재배하거나 소지하면 마약법 위반으로 처벌받는 것과 같이 그리스-로마 시대에는 부자를 재배하거나 소지하면 사형에 처했다고 합니다. 기원전부터 현재까지 부자는 문명과 국가를 막론하고 얻기 쉬우며 효과적이고 위험한 독성 물질을 지녀 관심을 받았습니다. 그리스 신화의 마녀 메데이아가 영웅 테세우스를 독살하려 부자 독 한 잔을 먹이려 했으며, 알렉산더 대왕은 독초로 키워진 여성과 단 한 번의 입맞춤으로 부자에 중독되어 사망했다는 이야기까지 있습니다. 알렉산더 대왕의 스승이자 4원소설의 주인공인 아리스토텔레스 또한 부자로 사망했습니다. 로마 제국의 제4대 황제였던 클라우디우스는 아내이자 네로의 어머니였던 율리아 아그리피나에 의해 부자 즙에 적신 깃털로 독살당했습니다. 에게해의 히오스 섬에서는 노인들의 안락사에 부자가 실제로 사용되었습니다. 또 셰익스피어의 《헨리 4세》나 《서편제》에서 등장인물의 눈을 멀게 하기 위한 약이 부자였다거나, 조선의 왕이었던 경종이 인삼과 부자 달인 약으로 승하했다는 기록도 있습니다. 우리나라를 포함해 동양에서 사용되던 독화살에도 역시 부자가 사용되었습니다.[4,5]

마지막으로, 독으로 독을 다스린다는 이독제독(以毒制毒)의 실제 사례도 부자와 관련되어 있습니다. 부자가 소듐 이온 통로를 열어 신경 손상을 일으킨다면, 소듐 이온 통로를 차단하는 약으로 적절하게 조절할 수 있지 않을까요. 실제로 가능함이 확인되었지만, 그 물질이 무엇인가 보면 깜짝 놀라게 됩니다. 사이안화 포타슘의 약 1000배에 달하는 신경독, 즉 복어 독인 테트로도톡신(tetrodotoxin)이었기 때문입니다.[6] 아코니틴이나 테트로도톡신 모두 극도로 위험한 독극물이기에 체내에 들어오면 수 분에서 수십 분 내로 사망에 이르게 됩니다. 1986년에 일본에서는 보험금을 노리고 남편이 아내를 독살한 사건이 발생합니다. 투구꽃 살인사건이라 불리는 이 사건에서는 무려 1시간 40분의 시간이 흐른 후에야 증상이 발생해 독의 종류와 살해 방법을 증명하는 데 어려움을 겪었습니다. 그러나 오랜 추적 끝에 투구꽃의 독과 복어의 독을 함께 복용시키는 방법으로 중독사의 비밀을 밝혀냈습니다.

역사와 전통의 독, 비상

부자와 함께 가장 유력한 사약의 성분으로 추측되는 것은 비상(砒霜)입니다. 비상은 광물의 형태로 존재하는 비소(arsenic, As)를 의미하며 동서고금을 막론하고 다양한 방식으로 사용되었습니다. 광물을 부르는 명칭은 매우 다양하나, 비소가 황과 결합해 만들어진 황화 비소 광물인 웅황(orpiment, As_2S_3), 계관석(realgar, As_4S_4), 독사(arsenopyrite, FeAsS) 등은 붉은 색상이 많아 홍신석으로 불렸습니다. 안료와 물감으로도 사용되던 광물이죠. 비소가 산소와 결합해 만들어진 산화 비소는 더욱 간단히 형성되며 독성도 매우 높습니다. 방비소광(arsenolite, As_4O_6)이나 단사 비소광(claudetite, $As2O_3$), 코발트화(erythrite, $Co_3(AsO_4)_2 \cdot 8H_2O$) 등이 대표적인 산화물 형태이며 독성이 높습니다. 부자와 마찬가지로 비상 역시 실제로는 사약 제조용보다는 한약재로 쓰이는 경우가 대부분이었습니다.[7] 비상은 적절한 법제 과정을 통해 독성을 낮춰 약으로 사용하게 됩니다.

《본초강목》에는 비상을 식초에 개어 사용한다는 언급이 수차례 나오며, 조선의 한의학자 이규준이 저술한 《의감중마》 목판본에도 '식초에 졸여서 쓴다'라는 기록이 남아 있습니다. 1610년 완성된 허준의 《동의보감》에도 비상에 대해 '약용은 초에 달여 독을 죽여 쓴다'라는 설명이 있습니다. 이 정보를 바탕으로 따져본다면 산화를 최대한 일으킨 후 유기산과 고온에서 충분한 시간 반응을 통해 비상이 쓰이는 것으로 정리해볼 수 있습니다. 부자에 함유된 아코니틴 같은 유기 화합물의 경우 열이나 산 처리를 통해 구조가 조금만 파괴되어도 전체적인 변화가 확연해 독성이 급감하거나 약효가 증가할 수 있습니다. 반면, 비상과 같은 무기 화합물의 경우 미세한 구조 변화가 영향을 줄 가능성이 없고 핵심 원소(이 경우 비소)가 제거될 수도 없기 때문에, 새로운 물질이 만들어지는 방향으로 생각해보는 것이 합리적입니다.

아세트산이나 무수아세트산과 산화 비소의 화학 반응은 폴리비소 유기 화합물이라는 연결망 구조의 화합물을 만들어낼 수 있습니다. 이러한 구조는 해양 생명체인 해면(marine sponge)이 체내에서 합성하는 아르세니신 A(arsenicin A)에서 찾아볼 수 있습니다.[8] 유기비소 화합물이 독성일지의 여부에 대해서는 최근 연구 결과가 꾸준히 발표되고 있습니다. 한 예로, 아르시오트리신(arsinothricin)이라는 비소 유기 화합물은 세균을 죽이는 효과가 있으며 사람의 세포를 죽이지 않고 특별한 독성을 보이지 않는다고 합니다.[9] 분명 비소의 독성은 무시할 수 없지만, 선택적으로 활용할 수 있다면 최고의 무기가 될 수 있습니다.

1908년 노벨 생리의학상 수상자이자 화학요법(chemotherapy)과 마법의 탄환(Magic bullet)이라는 용어를 탄생시킨 파울 에를리히(Paul Ehrlich)는 비소를 약으로 사용했습니다. 그리고 살바르산(Salvarsan)이라는 매독 치료제도 비소를 약으로 쓴 예입니다. 아르스페나민(arsphenamine)이라는 유기 비소 화합물은 수천 년간 인류를 고통받게 해왔던 매독을 20세기 초 완치하는 데 가장 중요한 역할을 합니다.[10] 최근에는 독성 물질이자 비상 그 자체라 볼 수도 있는 삼산화이비소(As_2O_3)를 간암이나 백혈병 치료를 위한 약으로 사용하려는 시도가 이어지고 있습니다.[11,12]

비상이 몸속에 들어갈 때

비상은 우리 몸을 어떻게 파괴할까요? 사약에 비소가 들어가야 하는 특별한 이유가 있을까요? 먼저, 비소는 총 네 가지 형태로 우리 몸에 유입될 수 있습니다. 황이나 산소와 결합하지 않은 순수한 금속 상태, 광물과 같이 무기 비소 화합물인 형태, 유기 비소 화합물의 형태, 마지막으로 비화 수소(AsH_3)라는 맹독성 기체의 상태입니다. 이 중 액체인 사약에 녹아들기 쉬운 물질은 유기 및 무기 비소 화합물입니다.

인체에 들어온 비소는 체내에서 더욱 다양한 형태로 모양을 바꿉니다. DNA의 골격을 이루거나 빠르게 에너지를 만들어내는 연료인 아데노신삼인산(ATP), 그리고 지질이나 지방 모두 인(phosphorus, P)으로 이루어진 인산염(phosphate)이라는 작용기가 중요한 역할을 합니다. 한편 주기율표에서 인의 바로 아래쪽에 위치해 같은 족(group)으로 구분되는 비소는 비산염(arsenate)이라는 꼭 닮은 화학구조를 만들게 됩니다. 그리고 인체는 비슷한 구조를 정확히 구분하지 못하고 사용하려 애쓰곤 합니다. 결국 세포들은 에너지를 만들거나 주위 세포들과 대화하는 능력을 잃어버리며 죽어가게 됩니다.[13,14] 비슷한 형태로 문제가 되는 체내 반응은 비소만 보이는 것은 아닙니다. 중금속으로서 과거부터 환경 오염과 중독의 원인으로 꼽히는 카드뮴(cadmium, Cd)이나 수은(mercury, Hg) 또한 같은 방식으로 문제를 일으켰습니다. 카드뮴과 수은은 주기율표에서 12족에 위치한 원소들이며, 이들과 같은 족에는 아연(zinc, Zn)이 있습니다. 아연은 우리 몸의 기능을 조절하는 여러 효소가 작동하기 위해 꼭 있어야만 하는 필수 무기질입니다. 그런데 아연이 결합해야만 기능하는 DNA 수리 효소 등에 카드뮴이나 수은이 대신 붙어 떨어지지 않을 경우, 중독이 나타나고 인체는 서서히 파괴됩니다.

　비소를 삼키면 졸음이나 두통, 설사가 30분 내로 발생합니다. 사약의 주재료라고 하기에는 다소 부족하다는 생각이 드는 수준이죠. 심각한 중독 증상이 나올 정도로 더욱 많이 오래 먹게 되어도 경련이나 내장기관 손상, 암과 같은 중장기 증상이 발생할 뿐입니다. 사망에 이를 정도의 독성을 비교하기 위한 반수치사량(lethal dose for 50%

kill, LD50)이라는 기준이 있습니다. 쥐를 비롯한 동물을 대상으로 실험 수의 절반이 사망하는 물질의 농도를 뜻합니다. 즉 열 마리의 쥐에게 비소를 먹였을 때 다섯 마리가 사망하기까지 얼마나 많은 비소가 투입되어야만 하는지를 실험한 결과입니다. 비소의 경우 체중 1kg당 13mg가 반수치사량이며, 75kg의 남성이라 가정한다면 약 1g의 비소를 섭취해야만 무조건도 아닌 50%의 확률로 사망하게 되는 것입니다. 물론 이 50%의 확률은 개인의 건강 상태와 비소에 대한 저항성, 기저질환 등 여러 요소에 따른 빈도 비율을 나타낸 것입니다. 그래서 조금 덜 섭취해도 사망할 수 있고 몇 배를 섭취해도 별다른 문제가 없기도 합니다.

많이 넣으면 독

부자와 비상 외에도 사약을 더 효과적으로 만들기 위해 첨가했을 것으로 추측되는 여러 물질이 있습니다. 먼저, 비상이 중국에서 수입되어 쓰였다면 중국에서는 어떤 독을 사용했을지 궁금할 수밖에 없죠. 여러 기록 중 가장 흥미로운 한 가지는, 중국에서 지금은 찾아볼 수 없는 새를 독에 사용했다는 사실입니다.

짐조(鴆鳥)라는 이름의 새는 매와 비슷한 크기와 모습에 검은 피부, 녹색 깃털, 붉은 눈을 가지고 있으며 독사를 잡아먹고 살아 몸 전체가 맹독성이었다고 합니다.[15] 독성이 너무 강해 둥지 주위에 풀이 자라지 못한다거나, 날아가면 논밭이 중독돼 메말라버린다는 다소 과장된 기록들도 있지만, 짐조에 대한 언급이 정사에 많아 독이 있는 새의 존재는 믿을 수 있습니다. 유명한 역사적 기록 중에서는 진시황이 진 왕위에 오르자 왕권 다툼이 있던 진의 상방(재상) 여불위가 짐조의 독을 물에 타 마시고 자결했다는 이야기, 그리고 한나라의 태조 유방의 부인인 여후가 애첩의 아이를 암살하기 위해 짐조의 날개로 술을 담갔다는 이야기가 유명합니다. 짐조의 독은 물에 매우 잘 녹는 물질이었다고 하며, 물이나 술에 담그는 것만으로도 독약을 만들 수 있었다고 전해집니다. 지금은 멸종해 찾아볼 수 없는 과거의 동물이며 뱀이나 개구리, 지네 등 독을 가지고 있는 일반적인 동물 종에 비해 낯선 독새라는 특징 때문에 실재했던 새였는지 의견이 분분하기도 했습니다.

우리나라에는 서식하지 않으며 세계적으로도 종류가 많지 않아 낯설지만 만지는 것만으로도 중독될 수 있는 독새들은 현재도 일부 지역에서 발견됩니다. 대표적으로 파푸아뉴기니에서 발견된 피토휘(pitohui) 종류나 파란모자 이프리트(blue-capped ifrit)가 있습니다. 이 새들의 날개와 피부에는 부자의 아코니틴처럼 소듐 이온 통로를 여는 신경독 알칼로이드 바트라코톡신(batrachotoxin)이 존재합니다. 독성 딱정벌레를 주식으로 잡아먹으며 자기보호를 위해 몸에 독을 쌓는 것으로 알려져 있습니다.[16]

우리나라의 경우 짐조의 깃털과 독을 사약에 사용했다는 기록은 없습니다. 부자와 더불어 사약에 사용된 것으로 예상되는 독초로는 천남성과 협죽도가 대표적입니다. 천남성과에 속하는 식물 중 우리나라에 서식하는 종류는 둥근잎천남성(Arisaema amurense), 나물로 자주 먹는 토란, 그리고 단오에 머리 감는 전통과 연관된 창포(calamus)를 떠올릴 수 있습니다. 천남성에 들어 있는 대표적인 독성 물질은 옥살산 칼슘(calcium oxalate), 청산배당체, 코니인(coniine) 등입니다. 옥살산 칼슘은 바늘처럼 뾰족한 결정을 만드는데, 먹게 되면 입안과 목, 소화 장기에 박혀 고통을 주고 상처를 냅니다. 체내에서도 자연적으로 옥살산 칼슘이 만들어지는 경우가 있는데, 바로 소변에서 만들어져 신장이나 요도에 결석을 만들어 지독한 고통을 주는 경우입니다. 청산배당체는 체내에서 사이안화 수소(HCN) 등의 극독성 물질로 변화하는 화합물들을 의미합니다. 코니인은 독당근이나 독인삼 등 식물에 종종 포함된 독성 알칼로이드이며, 과거 그리스의 철학자 소크라테스가 코니인 음독으로 사망했던 사실이 유명합니다.[17] 협죽도라는 식물 역시 올레안드린(oleandrin)이라는, 심장 박동을 강화시키는 독소가 들어 있어 사약에 사용되었을 가능성이 있습니다.[18] 심지어 올레안드린은 1kg당 0.3mg의 반수치사량을 보여 비상보다 약 40배 이상 강한 독성을 갖습니다.

더욱 흥미로운 사실은 사약에 생금(生金), 수은, 해란(蟹卵) 등 이해하기 어려운 재료들도 포함되었다는 것입니다. 먼저, 생금은 자연 상태에서 채취된 금이 정련이나 정제가 이루어지지 않은 날것의 상태를 말합니다. 사금의 형태거나 광산에서 출토되어 구리, 은 등 다른 금속과 혼합되어 있는 물질입니다. 하지만 금은 독성이 없는 금속이며 사금의 형태라도 인체를 파괴하는 일은 없습니다. 한편, 수은은 극독성 중금속 원소로 상온에서 액체인 유일한 금속 원소입니다. 수은의 또 다른 특징은 거의 모든 종류의 금속과 합금인 아말감(amalgam)을 만든다는 것인데, 수은의 비율에 따라 단단한 고체가 되기도 하고 액체 상태인 합금이 되기도 합니다. 아마도 사약에 사용된다면 수은의 비율이 높은 금과의 아말감으로 사용되었을 가능성이 높습니다. 하지만 큰 의미는 없었을 것이며 오히려 부자나 비상에서 나오는 다른 성분들과 화학 반응을 일으켜 변성되었을 확률이 높습니다.

해란은 해양 갑각류인 게의 알을 의미합니다. 물론, 현재 우리나라에 서식하는 게의 알이 목숨을 빼앗을 정도의 독성을 갖지는 않습니다. 하지만, 주변 국가인 일본의 바다에 서식하는 매끈이송편게나 묻힘부채게 등은 복어의 독인 테트로도톡신과 마비성 조개독을 전신에 품고 있어 충분히 사람의 목숨을 빼앗을 수 있습니다.[19] 과거의 기후와 해양 생명체 종이 지금과 차이가 있었을 가능성이 있으며, 이러한 독게가 서식하거나 수입을 통해 들여올 수 있었다면 사약에도 충분히 사용되지 않았을까요?

달콤한 초콜릿도 카카오 함량이 과도하게 높으면 쓰고 떫은맛이 매우 강하게 느껴지는 것처럼 모든 것은 양에 따라 결과가 달라집니다. 기호식품으로 흔히 즐기는 커피도 한두 잔은 약간의 각성 작용을 해서 유익하지만, 과도하게 섭취하면 불면증을 비롯한 부작용이 나타나곤 합니다. 심지어 수십 잔을 한 번에 마신다면 사망에 이르기도 합니다. 사약 역시 어떠한 재료가 들어가는지와 무관하게 매우 높은 농도와 많은 양이라면 죽음의 원인이 될 수도 있겠죠. 단지 사람에 따라 영향이 나타나는 양이 다르고 효과가 달랐을 것이며, 제조자에 따라 여러 방식과 조합이 있었을 것으로 추측합니다.

상속의 가루라는 암살 도구

인류의 역사와 독은 떼어놓을 수 없습니다. 먼 옛날 자연과의 싸움에서 힘이 부족했을 때 무기와 독을 함께 이용해 사냥하기도 했고, 문명이 발달하고 계급과 사회가 형성된 이후에도 독은 부족한 힘으로 목적을 달성하기 위한 수단 중 하나로 사용되어왔습니다. 사약의 경우 재료와 제조법이 비밀로 유지되며 죄인 처형이라는 공식적인 국가 업무를 위해 사용되다 소실되었지만, 서양의 경우 조금 더 공개적인 방식으로 사용되곤 했습니다. 상속의 가루(inheritance powders)라는 명칭이 그 용도와 인기를 넌지시 알려줍니다.[20]

비상과 비소는 다소 비슷한 뜻으로 다가오지만, 과학자들에게 이 둘은 완전히 다른 물질입니다. 비상은 산소, 황 등 다양한 원소들과 비소가 결합해 있는 형태이며, 비소는 순수한 하나의 원소이자 비상의 핵심 구성요소로 볼 수 있습니다. 비소는 1250년 독일의 신학자이자 자연과학자 알베르투스 마그누스(Albertus Magnus)가 웅황(As_2S_3)을 비누와 함께 가열해 처음으로 분리하는 데 성공했습니다. 분리된 비소는 공기 중에서 가열하는 등의 방법을 통해 산화되면 강한 독성의 산화 비소(As_2O_3)로 변화하는데, 가장 큰 특징은 맛도 냄새도 없으며 하얀 가루 형태로 음식이나 음료에 혼합해도 전혀 알아차릴 수 없다는 것입니다.

비소, 정확히는 산화 비소 화합물은 권력이나 직위, 재산의 상속 등을 위해 누군가를 암살하는 데 흔히 사용되었습니다. 독을 이용한 살인은 기원전 로마 제국에서 성행했는데, 주로 여성들이 남편 혹은 다른 남성을 암살하는 경우였습니다. 독은 개인의 물리적인 힘과 무관하게 효과적이며 주방에서 일하는 시간이 많은 사람에게 유리한 도구였습니다. 기원전 82년에는 '독약 가해죄'를 다룬 최초의 법령이 발표되기에 이릅니다. 하지만 비슷한 문제는 계속해서 발생합니다. 1630년경 이탈리아의 줄리아 토파나(Giulia Tofana)라는 여성이 아쿠아 토파나(Aqua Tofana)라는 이름의 비소 화장품을 만들어 남편을 없애고 싶은 여성들에게 나누어준 대량 독살 사건이 있었습니다. 남편이 아내의 뺨에 입을 맞추면 중독되는 식이었으며 밝혀진 희생자만 600명에 달했습니다. 이후, 1659년경 히에로니마 스파라(Hieronyma Spara)라는 여성은 남편을 독살하고자 하는 젊은 여성들의 모임인 라 스파라(La Spara)라는 집단을 만들어 활동했던 사례도 있습니다. 물론, 당시에도 독살은 중범죄였으며 이들 모두가 처형당했음은 말할 필요도 없습니다.[21]

분야와 인물을 막론하고 비소와 관련된 사건·사고는 끝없이 이어졌습니다. 19세기에는 생명보험이 하나의 산업으로 성장하면서 보험금 상속을 노린 비소 사고는 더욱 커집니다. 1851년 영국 의회에서 비소의 판매에 대해 모든 기록을 남기는 비소 법률(The Arsenic Act)이 통과되며 문제는 다소 해결되기 시작합니다.

세상에는 수많은 독성 물질이 있습니다. 공기, 물, 흙, 동식물을 막론하고 전문가가 아니면 알기 어려운 독에 우리는 노출됩니다. 현대 사회에서는 비소를 반도체 제조에 사용하기도 하고 항암 치료

에블린 드 모건(Evelyn de Morgan)의 1903년 작 〈사랑의 묘약(The Love Potion)〉은 독에 대한 삽화로 자주 사용된다.

제로 쓰기도 하며, 부자를 비롯한 식물성 알칼로이드를 질병 치료에 사용하기도 합니다. 사약을 비롯한 독극물에 사용되었을 것으로 추측되는 물질들에 대해서도 여러 단서가 있지만, 그 누구도 확신을 갖고 단언할 수 없는 것은 당시 지식의 깊이와 사용된 기술들에 대한 기록이 부족하기 때문입니다.

독이 곧 약이고 약이 곧 독이라는 역설적인 표현은 의외로 가장 올바른 표현입니다. 과거의 진실은 결국 드러나지 않았지만 과학의 발전과 지식의 발전은 독을 약으로 탈바꿈시켰습니다. 하지만 이 모든 진보가 독이 더 이상 위험하지 않다는 것을 의미하지는 않습니다. 비소 사고가 법을 통한 제도적인 관리로 제어될 수 있었던 것을 생각한다면, 역사 속 제도와 화학의 관계를 더 흥미롭게 살펴볼 수 있겠습니다.

같은 족, 비슷한 특성

수많은 화학 원소들은 이를 구성하는 전자의 개수나 배치에 따라 원소 주기율표에 배치되어 있습니다. 그리고 많은 경우 주기율표에서 세로줄에 해당하는 족(group)으로 묶인 원소들은 비슷한 성질을 보이곤 합니다. 1족인 알칼리 금속으로 구분되는 리튬(Li), 소듐(Na), 포타슘(K), 루비듐(Rb) 등은 모두 물과 만나면 염기성 용액을 이루며 수소 기체와 열을 발생시켜 폭발을 일으킵니다. 인체 내에서도 원소의 비슷한 성질은 신기한 결과를 만들어냅니다.

아연(Zn)은 세포가 분열해 증식하고 성장하는 데에, 그리고 상처를 치유하거나 탄수화물의 분해에 작용하는 등 인체 면역에 필수적으로 요구되는 원소입니다. 아연이 포함된 주기율표의 12족을 들여다보면 흔히 매우 위험한 중금속으로 여겨지는 카드뮴(Cd)과 수은(Hg)이 바로 아래쪽에 자리 잡고 있다는 사실을 눈치 챌 수 있습니다. 과거 일본에서 중금속 중독으로 인해 발생했던 공해병인 이타이이타이병과 미나마타병은 자신도 모르게 카드뮴과 수은을 섭취했던 주민들에게 일어났던 재앙이었습니다. 카드뮴과 수은은 황(S)과 결합하는 성질이 매우 강합니다. 인체를 구성하는 단백질에는 황이 포함되어 있는데, 유입된 카드뮴과 수은은 황을 통해 생체 물질에 단단히 결합해 정상적인 기능을 방해합니다. 심지어 아연이나 구리(Cu), 망가니즈(Mn)와 같은 필수 무기질 대신 자리를 차지하며 쉽사리 빠져나가지 않습니다. 그 결과, 카드뮴이 뼈를 무르고 약하게 만들어 간단히 휘어지고 부러지도록 만들거나(이타이이타이병), 감각과 운동능력을 빼앗아 죽음에 이르도록(미나마타병) 하는 비극이 나타났습니다.

같은 족에 속한 원소들의 유사한 특징은 다양한 화학 분야에 적용됩니다.

금속 원소들과 간단히 결합하는 산소(O)와 한 식구인 황, 셀레늄(Se), 텔루륨(Te)은 모두 칼코젠화 금속이라는 물질의 형태로 태양광 발전이나 친환경 에너지 분야에 사용됩니다. 17족으로 묶인 플루오린(F), 염소(Cl), 브로민(Br), 그리고 아이오딘(I)은 다른 원소에 달라붙어 물에 잘 녹는 화합물의 한 종류인 염(salt)을 만들곤 합니다. 공통점이 있어 유용하고, 반대로 공통점이 있어 위험하기도 한 원소들을 주기율표를 통해 알아볼 수 있습니다.

화학으로
음악의 비밀을
풀 수 있을까?

모차르트의 죽음부터
원소의 음높이까지

누가 모차르트를 죽였나

중세 르네상스 직후 16세기 후반 바로크(Baroque) 시대의 음악은 음의 높낮이와 어울림, 멜로디와 정확한 음정을 아름다움으로 삼았습니다. 바로크 시대는 음악의 아버지 바흐(Johann Sebastian Bach, 1685-1750)와 음악의 어머니 헨델(Georg Fredric Hendel, 1685-1759)로 대표해 볼 수 있겠습니다. 바로크 음악은 두 개 이상의 선율을 배치해 조화를 만들어내는 대위법을 통해 돌림노래나 카논(canon), 푸가(fuga) 형식의 교회음악이 중심이 되었으나,[1] 이후 로코코(Rococo) 시대의 갈랑(Gallant) 양식에서는 화성 중심의 음악이 발전했습니다.

이후 가장 균형적이고 시대와 대상을 넘어 공감을 얻을 수 있어 말 그대로 고전(Classic)이라는 단어로 설명되는 음악 시기가 도래합니다. 음악의 신동이라 불리며 단 35년의 짧은 생애 동안 수없이 많은 명곡을 남긴 볼프강 아마데우스 모차르트(Wolfgang Amadeus Mozart, 1756-1791) 역시 고전 음악의 거장 중 한 명으로 우리에게 친숙한 음악가입니다. 모차르트의 천재성에 대한 전설적인 일화들은 수없이 다양하지만, 대중의 가장 큰 관심을 끄는 이야기는 안토니오 살리에리(Antonio Salieri, 1750-1825)와의 관계와 모차르트의 죽음이 아닐까요. 살리에리는 오스트리아 빈의 궁정 악장으로 최고의 영예를 누린 천재적인 음악가였지만, 모차르트에게 밀린 만년 2등이자 질투의 화신으로 그려지곤 합니다. 압도적인 실력을 가진 주위의 천재에게 질투의 감정을 느끼는 현상을 살리에리 증후군(Salieri syndrom)이라 부르기도 할 정도입니다.[2]

하지만 실제로는 조금 달랐습니다. 살리에리는 당대 최고의 음악가 중 하나였으며, 모차르트에 비해 사회적 지위나 인기, 평판 그 무엇 하나 부족하지 않아 질투할 이유가 전혀 없었습니다. 베토벤(Ludwig van Beethoven, 1770-1827), 슈베르트(Franz Peter Schubert, 1797-1828), 리스트(Franz Liszt, 1811-1886) 등 살리에리는 후대를 이끈 음악 거장들의 스승이자 우상이기도 했습니다. 최근에는 모차르트와 살리에리가 공동작업을 통해 남긴 곡이 발견되는 등 둘의 관계는 나쁘지 않았으며 종종 함께 음악 활동을 했던 동료임이 드러나 많은 오해가 풀렸습니다. 이들의 관계에 대해서는 러시아의 문호 푸시킨(Alexandr Sergeyevich Pushkin, 1799-1837)이 살리에리가 질투심으로 모차르트를 독살했다는 설정의 희곡 〈모차르트와 살리에리〉를 1830년 발표하면서 모든 오해가 시작된 것으로 보입니다.[3] 이후 1984년 개봉된 〈아마데우스〉라는 제목의 영화는 살리에리의 이미지를 대중의 인식에 박아 넣게 됩니다. 더 자극적이고 흥미롭기 때문이죠.

살리에리는 분명히 모차르트를 독살할 정도로 질투하고 증오하지 않았습니다. 모차르트의 죽음에 대해 검증되지 않은 여러 이야기가 나도는 것은 많지 않은 나이에 세상을 떠난 천재에 대한 아쉬움 때문일 것입니다. 돼지고기를 워낙 좋아해서 덜 익힌 상태인 고기를 먹어 선모충에 감염되어 사망에 이르렀다거나, 발작성 고열과 염증을 동반하는 류머티스 열(rheumatic fever)에 의해 유명을 달리했다는 등 모차르트의 죽음에 대해서는 추측과 흥미 위주의 접근이 있었고 수십 가지 이상의 사망 원인이 가설로 남아 있습니다. 그중, 가장 화학적인 관점으로 안티모니(antimony, Sb)라는 원소에 의한 중독사를 이야기할 수 있겠습니다.

모차르트와 살리에리의 관계가 뒤틀린 형태로 알려진 것은 푸시킨의 희극으로부터였다.

안티모니와 영원의 알약

안티모니는 주기율표에서 질소나 인과 같이 15족에 속하는 원소입니다. 모든 원소는 철이나 니켈 등과 같은 금속 혹은 산소나 탄소 등의 비금속으로 구분되는데, 정확히 이 구분에 포함되지 않는 금속과 비금속의 중간적인 성질을 띠는 몇 가지 원소를 준금속(metalloid)이라 부릅니다. 안티모니 역시 준금속 원소이며, 금속으로는 합금의 형태로 쓰이고 산화물(Sb_2O_3)은 방염(防炎) 성질을 갖는 옷감이나 도구 제작에 사용됩니다. 안티모니는 인체에는 사용되지 않으며, 모든 종류의 화합물이 독성이 높아 인체에 유입되면 간에 심각한 손상을 입히게 됩니다.

소화기를 통해 인간의 몸에 독이나 오염된 물질이 들어오면 이를 제거하기 위해 구역감이 들고 구토가 유발되기도 하는데, 안티모니의 경우 오히려 이러한 특성 때문에 로마 시대부터 구토 유발제로 사용되어왔습니다. 종종 납으로 이루어진 상수관에 의한 중독이 로마 멸망의 원인 중 하나로 언급되는데, 납과 구분이 어려운 금속인 안티모니에 중독된 것도 또 하나의 이유가 될 수 있다는 해석이 최근 발표되기도 했습니다.[4] 당시의 질병 치료는 체액론을 기반으로 이루어졌습니다. 인간의 몸을 피, 담즙을 포함한 몇 가지 체액이 구성하고 있는데, 체액의 균형이 맞지 않거나 문제가 생기면 독소가 녹아 있는 체액을 뽑아내 회복시킬 수 있다고 믿었던 것입니다. 그리고 가장 안전하게 독성 체액을 빼내는 방법은 혈관을 통해 피를 배출하는 것보다는, 역시 구토나 배설을 통한 방식일 수밖에 없습니다. 안티모니는 이 두 가지 치료 방법 모두에 적합한 최고의 물질이었습니다.

안티모니로 만든 잔에 포도주를 하룻밤 담아두면, 포도주 속 주석산(tartaric acid)에 안티모니가 녹아 나와 주석산 안티모니 포타슘(antimony potassium tartrate, $K_2Sb_2(C_4H_2O_6)_2$)이 생성됩니다. 그러면 다음날 안티모니 화합물이 녹아 있는 포도주를 조금씩 양을 늘려 마시며 구토를 함으로써 체내를 게워냈습니다.[5] 이렇게 배출된 물질은 치석 구토라 불렸는데, 모차르트 역시 안티모니 시술을 자주 받은 것으로 알려져 있습니다. 과거부터 안티모니 화합물이 구토제로 사용되었던 이유는 저렴한 가격과 더불어 맛과 향이 거의 없어 먹기 편했기 때문입니다. 동물의 먹이 연구 목적으로도 사용되었으니 효과는 이미 검증된 물질이었죠. 물론, 음료에 녹아든 경우에도 다른 안티모니 화합물과 마찬가지로 적지 않은 독성이 있어 많은 양을 들이켜면 위험한 상황이 발생할 수 있었습니다.[6] 실제로도 다수의 사망사고가 알려져 있습니다. 1928년 영국 뉴캐슬어폰타인에서 산화 안티몬이 섞인 양동이에 담긴 레모네이드를 마시고 70명의 인원이 구토 증상을 보였는가 하면, 1929년에는 포크스턴에서, 그리고 1932년에는 런던의 대형병원에서 대규모 안티모니 중독이 발생하기도 했습니다.[7]

안티모니를 사용해 배설을 촉진하는 방식은 조금 더 기묘합니다. 영원의 알약(everlasting pill)이라 불리는, 작은 알약 모양의 순수한 안티모니 금속 덩어리가 사용되었습니다. 안티모니 알약은 삼키면 소화기를 통과하며 조금씩 용해됩니다. 이때 독성 안티모니 화합물이 체내에서 생성되고 소화 기관을 따라 계속해서 위장 문제를 일으켜 결국 체내에 남아 있는 변을 비롯한 노폐물을 배설할 수 있게 했습니다. 영원의 알약이라 불린 것은 금속 안티모니가 소화기 내부에서 겉면 일부만 용해되고 배설되었기 때문에, 배설물을 뒤져 알약을 다시 찾아 깨끗이 씻는다면 재사용할 수 있었기 때문이었습니다.[8]

모차르트의 사망 전 증상은 안티모니 중독과 매우 비슷했지만, 감염과 열병을 비롯한 여러 질환 역시 유사한 증상을 보이는 경우가 많기에 단언할 수는 없습니다. 다만 확실한 사실은 모차르트의 생애 말년을 담당했던 의사가 열을 내리기 위해 안티모니를 추가로 처방했다는 기록이 남아 있다는 것입니다. 모차르트의 사망 이후 시신이 빠르게 부어올랐다는 이야기로부터 중독설이 유력하게 떠올랐습니다. 모차르트의 죽음에 대해 수많은 추측이 난무하게 된 것은, 1791년 그의 마지막 해 여름에 모차르트가 진혼미사곡의 작곡을 요청받아 작업에 착수했으며, 자신을 위해 진혼곡을 쓰고 있다는 말을 수차례 하던 중 작업을 끝내지 못한 채 세상을 떠났기 때문일지도 모릅니다. 또한 그를 중독에 빠뜨렸을 거라고 의심받는 용의자는 항상 여럿 있었습니다. 수백 년간 오해를 받아왔던 살리에리 외에도 미망인 콘스탄체, 그리고 콘스탄체와 염문설이 있었으며 모차르트의 진혼곡의 완성을 부탁받았던 모차르트의 제자 쥐스

마이어(Franz Xaver Sussmayr)도 음모론에 적지 않은 영향을 끼치고 있습니다. 안티모니를 지속적으로 처방한 담당 의사도 의심의 대상이었으며, 납이나 수은 등 다른 중금속에 중독된 것은 아닐까 하는 의혹도 계속해서 커졌습니다.

베토벤의 몸에 쌓인 독성

고전 음악의 또 다른 최고의 작곡자가 루트비히 판 베토벤입니다. 모차르트와 베토벤은 실제 만남을 가졌던 적도 있으며, 베토벤은 모차르트의 음악을 들으며 본인은 절대로 쓸 수 없는 곡이라며 감탄했다고 알려져 있습니다. 영원히 남겨질 명곡을 수없이 탄생시킨 점 외에도 이들의 공통점은 또 있습니다. 바로 중독으로 목숨을 잃었다는 점입니다.

사실 당시에는 중금속이나 독성 물질에 중독되어 목숨을 잃는 것은 그리 이해할 수 없는 사건이 아니었습니다. 물론 최근에도 예상하지 못한 경로로 무엇인가에 중독되는 문제가 빈번히 발생하곤 합니다. 환경호르몬이라고도 불리는 내분비교란물질, 폐를 손상시키는 가습기 살균제, 또는 틈새로 누출되는 가스나 공기 또는 물에 뒤섞인 무엇인가에 고통받는 일이 뉴스를 통해 자주 들려옵니다. 화학물질의 위험성을 이해하고 기억하는 것만으로는 무분별한 노출을 피할 수 없습니다. 근대시대에 납, 수은, 안티모니 등의 중금속에 많이 중독되었던 것도 당시 사람들이 독성에 대해서 무지했기 때문은 아닙니다. 오히려 치료를 위한 의약학적 기술이 발달하지 못했기에 사용할 수 있는 치료제가 한정되어 있었음이 원인이었습니다.

특히 매독(syphilis)에는 16세기부터 수은이 가장 뛰어난 치료제였으며, 이후 20세기 첫 화학 약물 치료제인 살바르산(Salvarsan)이 개발될 때까지도 대안이 없었습니다. 수은은 체내 축적과 중독으로 문제를 일으키는 가장 위험한 중금속 중 하나임에도 치아용 충진제(아말감), 연고, 콘택트렌즈 등을 만들 때 쓰였으며 온도계의 핵심 물질로도 사용되었던 적이 있습니다. 납(lead, Pb) 역시 마찬가지였습니다. 디아킬론(Diachylon)이라는 이름의 납 연고는 산화 납(PbO) 분말을 올리브유 등과 섞어 만들었으며, 로마 시대부터 종기나 피부 감염증 치료에 사용되었습니다. 골절 치료용 깁스에도 산화 납이 혼합되어 있기도 하며, 탄산 납($PbCO_3$)은 결핵이나 천식 치료에, 아세트산 납($Pb(CH_3COO)_2$)은 피부염 치료에 처방되곤 했습니다. 납은 구강을 통해 섭취하지 않는 한, 간단히 피부를 투과해 유입되거나 중독되지는 않습니다.[9] 납은 황과 결합해 황화 납(PbS)을 형성할 수 있는데, 이는 짙은 검은색을 띱니다. 납이 포함된 염색약은 모발을 이루는 케라틴 속 메티오닌(methionine)과 시스테인(cysteine)이라는 황을 포함한 아미노산과 결합해 검은색으로 착색시킬 수 있어 유용하게 사용되었습니다.[10] 수은과 안티모니 역시 모발 속 아미노산에 있는 황에 달라붙어 쌓이기 때문에 모발 검사를 하면 인체가 중금속에 중독되었는지를 확인할 수 있습니다.

머리카락은 알고 있다

베토벤은 교향곡 3번 〈영웅(Eroica)〉을 작곡하기 전부터 지속적인 청력 감퇴와 이명(耳鳴), 그리고 난청으로 고통받기 시작합니다. 청력을 잃어가는 음악가라는 자신의 처지에 신경질적이고 우울증에 자주 사로잡히는 모습을 보였으며 심지어 꾸준한 복통까지 그를 괴롭혔습니다. 하지만 그는 완전히 청력을 상실한 이후에도 작곡 활동을 이어갔고 56세의 나이로 세상을 떠납니다. 죽음에 이르기 직전 열과 황달에 한동안 시달리고, 치료 목적으로 복부에서 체액을 계속해서 빼내야만 했으며, 임종하는 순간 내려치는 번갯불에 손을 치켜들고 경련했다고 기록된 사실로부터 간 질환이나 면역질환으로 사망했을 것이라는 해석이 나오기도 했습니다. 매독에 걸려 사망했다는 학설 또한 유행한 적 있었으나 베토벤의 사망에 대한 진실은 그의 모발과 현대 기술을 통해 풀렸습니다.

당시에는 죽은 사람을 애도하고 기억하기 위해 죽은 사람의 머리카락을 잘라 로켓(locket), 즉 사진 보관함이 달린 목걸이에 보관하는 풍습이 있었습니다. 당시 15세의 소년이었던 훗날의 음악가 힐러(Ferdinand Hiller)가 베토벤의 머리카락을 받아 후대로 물려줬으며,

베토벤의 사망 원인을 규명하는 데는 모발의 첨단 화학 분석 기법이 크게 작용했다.

1994년에는 베토벤 협회에서 경매를 통해 구입한 머리카락에 대해 싱크로트론(synchrotron) 입자가속기를 이용한 정밀 성분 분석이 이루어집니다. 그 결과 베토벤의 머리카락에서는 정상 범위의 수은 농도가 검출되어 그가 매독을 앓았던 적이 없었음이 증명되었습니다 (당시 매독 치료제는 오직 수은이었습니다).[11] 그리고 정상 수치의 수백 배에 달하는 납이 확인돼 오히려 심한 납 중독 증상에 시달렸음이 밝혀졌습니다. 신경 손상에 의한 감정적 반응과 청력 손실, 복통 등 베토벤이 고통받았던 증상 모두가 납 중독과 일치합니다. 원소의 독성에 대한 규명과 과학적 분석 기술의 발달이 수백 년 동안 드러나지 않았던 비밀을 풀어낸 것입니다.

이들을 제외하고도 당시 수은이나 납, 안티모니를 비롯한 중금속 원소에 중독되었던 위인은 간단히 찾아볼 수 있습니다. 앞서 언급했던 바로크 시대의 음악가 헨델은 농축 포도주인 포트 와인(port wine)을 즐겼으며 이 때문에 납 중독과 통풍에 시달렸습니다. 만유인력을 제안하고 광학 분야를 개척한 뉴턴(Issac Newton)은 극심한 불면증과 식욕부진 등의 증상을 겪었는데, 뉴턴의 머리카락을 분석한 결과 납, 비소, 안티모니가 정상의 네 배 이상 검출되고 무려 15배에 달하는 수은이 확인되었습니다.[12,13]

음악을 화학으로, 화학에서 음악으로

모차르트를 죽음으로 이끈 안티모니는 높은높은 올림 도(C6#)입니다. 베토벤을 고통스럽게 만든 납은 높은 올림 솔(G5#)이고, 뉴턴을 중독시켰던 수은은 높은높은 미(E6)라는 음으로 표현할 수 있습니다. 도대체 무슨 말인지 아직 이해할 수 없다고 해도 걱정할 필요가 전혀 없습니다. 방금 언급한 것은 화학을 음악으로 바꿔보려는 재미있는 시도에서 비롯된 결과이며 이런 시도에 대한 특별한 명칭은 없지만, 굳이 규정하자면 '음악 화학(musical chemistry)' 정도가 될 수 있겠네요.[14]

수학 그리고 과학과 가장 깊은 연관성이 있는 분야는 의외로 예술일지도 모릅니다. 바닥을 박차거나 공을 던지는 육체적인 행동은 물리적인 원리에 의해 최적화되고 미술 작품의 다채로운 색상은 가시광선 범위에 속하는 전자기파(electromagnetic wave)의 흡수와 반사가 만들어내는 아름다움입니다. 소리 역시 전자기파와 마찬가지로 높낮이가 반복되는 파동입니다. 색과 소리는 같은 파동이지만 차이가 있다면, 소리는 물체에서 발생하는 기계적인 진동이 공기를 움직여 우리의 고막을 연쇄적으로 진동시켜 전해지는 파동이라는 것입니다. 따라서 파동을 옮겨줄 매질이 반드시 필요하며, 전자기파와는 달리 진공에서는 소리가 전해질 수 없습니다. 매질(공기. 물 등)을 얼마나 자주 반복적으로 흔들어주는가를 의미하는 진동수(frequency)가 높으면 고음이, 반대로 진동수가 낮으면 저음이 만들어집니다. 또 매질이 얼마나 크게 흔들렸는지를 뜻하는 진폭(amplitude)은 소리의 크기와 관련이 있습니다. 파동은 주기적인 특성을 가지며, 주기성을 갖는 함수인 삼각함수로 나타낼 수 있습니다. 음악은, 곧 소리는 수학과 관련되며 결국 수학적 처리를 통해 정보를 다양한 형태로 바꿀 수 있게 되는 것이죠.

음악과 수학의 관계는 철학자 피타고라스(Pythagoras, B.C.580–B.C.500 추정)에 의해 음정과 음계, 화음에 대한 발견으로부터 시작됩니다. 일화에 따르면 피타고라스는 대장간에서 들려오는 망치질 소리의 다양함과 이들의 화음 및 불협화음을 수학적으로 깨닫게 됩니다. 망치 무게의 비율이 2:1인 경우 같은 음이 높낮이만 다르게 어울린다는 것(옥타브)을 발견했고, 현을 진동시킬 때 비율을 조절함으로써 옥타브와 완전 5도(3:2 비율) 화음을 찾아내 우리에게 친숙한 도레미파솔라시도의 음계를 만듭니다.[15]

음악과 과학의 친밀한 관계 때문인지, 음악에 조예가 깊었던 저명한 과학자들을 쉽게 찾아볼 수 있습니다. 심지어 악기를 즐기는 수준을 넘어 대가의 경지에 이른 과학자 또한 종종 보입니다. 〈왕벌의 비행〉이나 〈세헤라자데〉로 알려진 니콜라이 림스키코르사코프(Nikolai Rimsky-Korsakov)나 〈민둥산의 하룻밤〉의 모데스트 무소르그스키(Modest Mussorgsky)와 함께 러시아 5인조로 구분되는 알렉산드르 보로딘(Alexandr Borodin, 1833-1887)은 화학자이자 작곡가였습니다.[16] 에드워드 엘가(Edward Elgar, 1857-1934) 역시 음악가인 동시에 화학자였습니다. 엘가의 황화 수소 제조기는 특허로 출원된 바 있는 화학 실험 기구였으니 취미로 화학을 즐기는 수준이 아니었죠.[17] 물론 보로딘과 엘가 모두 음악가이자 화학자였으며 두 분야 모두에서 경지에 이르렀으나, 음악으로 화학 반응을 이야기하거나 화학을 음악으로 표현하지는 못했습니다.

화학 반응을 음으로 나타낼 수 있을까?

최근에는 음이 없이 리듬만으로 이루어지거나 무음, 혹은 복합적인 불협화음으로만 이루어진 전위적인 음악들도 만들어지고 있습니다. 하지만 일반적인 관점에서 음악은 소리의 배열이라 표현할 수 있습니다. 화학 반응이나 원소, 에너지 상태 등의 정보를 소리로 변환할 수 있다면 음악을 만드는 것 또한 충분히 가능합니다. 임의의 함수를 주기성을 갖는 함수들의 합으로 분해하는 푸리에 변환(Fourier transform)은 주기나 진폭으로 이루어진 음파의 형식을 구현하는 데 사용될 수 있습니다.

반응물이 생성물로 바뀌는 화학 반응은 물질의 농도나 화학 평형 등 요인들에 따라 속도가 달라집니다. 처음에는 반응물만 존재하는 상태였다면 시간이 경과하며 반응물의 양은 점점 감소하고 대신 생성물의 양은 증가합니다. 이 역시 방정식으로 표현될 수 있으며, 초기의 반응물 농도는 음의 크기로, 반응의 속도와 특징을 나타내는 상수는 높낮이로 변환될 수 있습니다. 유일한 문제는 화학 반응은 주기성을 갖기보다는 명확한 방향이 있어 시간이 흐르면 결국 완결되는 경우가 일반적이라는 것입니다.

얼음이 녹아 물이 되는 상변화에 대한 화학 반응을 예로 들어보겠습니다. 온도가 높다면 시간이 흘러 모든 얼음은 물이 되며 화학 반응은 종결될 것이고 반대로 영하의 온도라면 얼음으로 모두 얼어붙은 상태로 화학 반응이 끝납니다. 얼음이 어는 온도이자 물로 녹을 수 있는 온도인 녹는점($0°C$)에서는 얼음이 녹고 물이 어는 현상이 엎치락뒤치락 반복될 것이며 일종의 화학 진동으로 이해될 수도 있습니다. 이처럼 화학 반응이 디리클레 조건(Dirichlet condition, 푸리에 급수가 존재하기 위한 필요충분 조건)을 만족한다면 푸리에 변환을 통해 소리로 바꿔줄 수 있지만, 유한한 시간에서 종결되는 화학 반응의 경우 몇 가지 추가적인 처리와 이산 푸리에 변환으로 파동 정보를 얻을 수 있습니다.

화학 교재에 자주 등장하는 N_2O_5의 분해 반응을 한번 살펴보겠습니다.

$$N_2O_5 \text{ (g)} \rightleftharpoons NO_2 \text{ (g)} + NO_3 \text{ (g)}$$

$$N_2O_5 \text{ (g)} + NO_3 \text{ (g)} \rightleftharpoons 3NO_2 \text{ (g)} + O_2 \text{ (g)}$$

이와 같이 N_2O_5의 분해는 하나의 화학 반응만으로 이루어지지 않습니다. 화학 반응식 역시 수학과 유사한 특징이 있습니다. 반응의 진행을 나타내는 화살표($\rightleftharpoons$)는 등호로 생각할 수 있으며, 원소 기호로 쓰인 여러 화합물은 각각 x나 y와 같은 문자로 볼 수 있습니다. 위 반응식의 $3NO_2$는 3개의 NO_2를 의미하므로 계수와 문자의 형식으로 정보가 축약된 것이죠. 화학 반응식은 일종의 함수식과 다름없으며, 화학 반응의 진행 시간 경과에 따른 각 화합물의 양을 그래프로 나타낼 수도 있게 됩니다. 연립 방정식의 계산처럼 가감법 또는 대입법을 사용해 식을 간단히 정리하는 작업을 적용한다면, N_2O_5의 분해 반응식은 다음과 같이 하나의 전체 반응식으로 바뀝니다.

$$2N_2O_5 \text{ (g)} \rightleftharpoons 4NO_2 \text{ (g)} + O_2 \text{ (g)}$$

수학적 작업을 통해 N_2O_5 기체의 분해 반응을 음계로 옮기면 낮은 옥타브보다 더욱 낮은 F1부터 F2, C3, F3, A3, C4, D4, F4, G4, A4, B4, C5 등의 순서로 음률을 갖게 됩니다. 다른 종류의 화학 반응인 효소 반응, 방사성 붕괴 등의 경우에도 음악을 발견할 수 있습니다. 심지어 원자 모델이 진보하게 된 기반 중 하나였던

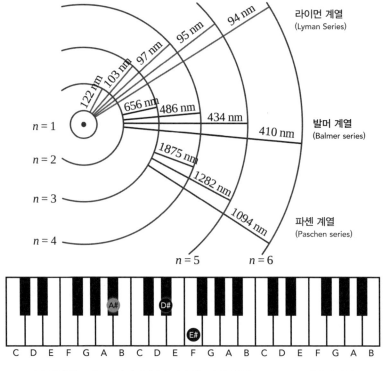

수소 원자 선 스펙트럼의 가시광선에 해당하는 발머 계열은 A#sus4 코드의 음과 같다.

수소 원자의 선 스펙트럼도 각 에너지 레벨에 해당하는 음높이를 갖습니다.

가시광선 영역에 속하기 때문에 사람의 눈으로 관찰할 수 있어 가장 먼저 발견되었던 수소 원자의 발머(Balmer) 계열 선 스펙트럼은 높은 에너지를 보유한 들뜬 전자가 아래에서 두 번째 에너지 준위인 n=2로 떨어지는 과정에서 방출되는 빛을 의미합니다. n=3→2로 전자가 떨어지며 656.3nm의 붉은색 광선이, n=4→2에서는

원소로 음높이를 표현해 악보를 그릴 수도 있지만 효용성은 떨어진다.

486.1nm의 청록색 광선이, 그리고 n=5→2로부터 434.1nm의 파란색 광선이 관찰됩니다. 이는 각각 A4#, D5#, F5로 변환되며 A# 걸림음(A#sus4) 코드에 해당합니다!

세상을 구성하는 원소의 종류가 무수히 많은 만큼, 그 화학적 특성으로부터 다채로운 음을 이끌어낼 수 있습니다. 루비듐(rubidium, Rb)−가돌리늄(gadolinium, Gd)−소듐−카드뮴(cadmium, Cd)−팔라듐(palladium, Pd)−루테늄(ruthenium, Ru)−붕소(boron, B)−은(silver, Ag)은 도레미파솔라시도의 음계와 같다는 것이 재미있습니다.

악기 소리에 숨은 화학

화학 반응과 원소의 화학적 특성을 수학적 처리를 통해 소리로 바꾸는 결과는 분명 흥미롭지만, 음악과 화학 간의 관계를 실용적으로 활용한 것이라고 보기는 어렵습니다. 음악을 표현하는 방법으로 이미 대중적으로 사용되는 음표와 음계 방식이 있는데 특별한 이유 없이 굳이 더 복잡하게 표현할 이유는 없겠죠.

음악과 관련된 화학의 쓰임새는 풀리지 않았던 과거의 비밀을 해결하는 열쇠의 역할로 충분합니다. 모차르트와 베토벤의 사인을 밝히는 중요한 단서로 화학이 사용될 수 있었습니다. 단순히 원인을 알 수 있는가를 떠나서 당시의 생활상, 문화, 인물의 행동과 심리 상태 등 흩어져 있는 퍼즐들이 연결되며 풀려나가는 것에 대해 조금 전 함께 이야기해보았습니다.

화학으로만 풀어낼 수 있는 악기의 비밀 역시 존재합니다. 2021년 최고의 바이올린 명기로 유명한 스트라디바리우스(Stradivarius)와 과르네리(Guarneri) 소리의 비밀을 화학이 한 겹 더 풀어낸 것입니다. 이전까지는 악기의 물리적인 진동과 음향에 대한 명쾌한 해석은 불가능했고, 악기 곁에 바르는 유약(바니시)에 비밀 기술이 숨어 있는 것으로 추정했습니다. 하지만 최근 분석 결과에 따르면 나무를 좀 먹는 벌레가 매우 많았던 당시 이탈리아 크레모나(Cremona) 지역에서 병충해를 막기 위해 악기 제작 전 나무에 화학 약품 처리를 했던 것이 가장 중요한 요건임이 드러났습니다.[18] 철, 아연, 구리의 황산염과 붕사, 명반, 소금 등을 씀으로써 제작자마다 자신만의 목재 병충해 처리 기술을 활용했고, 이 과정에서 목재에 화학물질이 흡수되며 기계적인 강도와 더불어 음질 향상이 이루어졌다는 것입니다. 화학적 이론과 분석 기술의 향상 없이는 절대 도달할 수 없는 결론이었습니다.

명기들뿐 아니라 다마스쿠스(Damascus) 검을 비롯해 비밀에 싸여 있던 과거 유물들의 분석과 재해석, 최종 복원까지의 과정에도 화학은 계속해서 이용되고 있습니다.

원소는 어떻게 구분될까?

주기율표에는 무려 118개나 되는 원소들이 빼곡히 쓰여 있습니다. 가로와 세로 배치를 통해 각각 주기와 족이라는 방식으로 바둑판처럼 단정하게 배열되어 있지만, 원소의 형태나 특성에 따라 주기율표 내에서도 더 자세히 구분될 수 있습니다.

우리가 살아가는 일반적인 온도(25℃)와 압력(1기압)을 표준상태(Standard temperature and pressure, STP)라 부릅니다. 수소나 산소, 질소, 헬륨과 같이 표준상태에서 기체로 자유롭게 날아다니는 원소도 있고 철(Fe), 니켈(Ni), 구리(Cu) 등 고체로 땅속에 파묻혀 있기도 합니다. 브로민(Br)과 수은(Hg)은 표준상태에서 액체로 존재하는 단 두 가지 원소입니다. 온도를 높이면 얼음이 녹아 물이 되고, 또 물이 끓어 수증기로 변하는 것처럼 고체와 액체, 그리고 기체 상태는 온도와 압력의 변화에 따라 달라집니다. 표준상태에서 약간만 온도를 높여 30℃가 된다면 갈륨(Ga)과 세슘(Cs)은 녹아 액체로 변모합니다.

고체, 액체, 기체의 구분 외에도 원소들은 금속과 비금속으로 분류될 수도 있습니다. 동전, 칼, 자동차는 금속 원소들로 구성되었고 고무나 종이, 책상은 비금속 원소로 이루어졌습니다. 금속은 전기가 통하며 비금속은 그렇지 않습니다. 주기율표의 왼쪽과 중앙에 자리잡은 원소들은 모두 금속이며, 오른쪽에는 비금속 원소들이 위치합니다. 그리고 금속과 비금속 원소들 사이에는 준금속(metalloid)이라 불리는 몇 개의 원소가 보입니다. 붕소(B), 규소(Si), 저마늄(Ge), 비소(As), 안티모니(Sb)와 텔루륨(Te)이 대표적인 준금속 원소입니다. 이름 그대로 준금속은 금속과 비금속의 중간적인 성질을 갖습니다. 금속처럼 반짝이는 광택을 갖지만, 비금속처럼 쉽게 바스러지기도 합니다. 전류가 흐르는 도체인 금속과 부도체인 비금속의 중간에 속하기 때문에 흔히 말하는 반도체(semiconductor)로서 첨단 전자 산업에서 사용되고 있습니다.

금속은 전기가 잘 통하지만, 온도가 높아지면 점점 효율이 떨어집니다. 금속을 이루는 수많은 자유 전자들이 진동하고 활발하게 움직이며 서로 충돌해 오히려 움직임을 방해하기 때문입니다. 온도가 더 높아져 액체로 변한다면 그 정도는 더 심해집니다. 하지만 준금속은 온도가 높아지면 전도성이 오히려 좋아집니다. 심지어 규소나 저마늄은 녹아 액체가 되면 고체일 때보다 더 나은 전도성을 보이는 특별한 준금속 원소입니다.

산으로 산을
넘을 수 있을까?

한니발과
제2차 포에니 전쟁

화학 반응을 횡단 전략으로

경이롭고도 감탄스러운 경관을 보유한 관광지로 꼽히는 알프스산맥은 과거 인간의 횡단을 거부하는 가장 험난한 산맥 중 하나였습니다. 위치상 북부 이탈리아와 동유럽으로의 진출에 장벽으로 자리 잡고 있는 만큼, 비행기나 기차가 없던 과거에는 빠른 이동을 위해서 한 번쯤 횡단을 고려해봄 직한 길이지만 섣불리 건너갈 수는 없었습니다.

'내 사전에 불가능이란 없다'로 의역된 명언을 남긴[1] 불세출의 명장 보나파르트 나폴레옹(Napoleon Bonaparte, 1769-1821)은 1800년 5월 산 베르나르 협곡을 통해 알프스산맥을 넘어 제노바를 포위 중인 오스트리아군 후방을 점거해 섬멸합니다. 이집트 원정, 로제타석의 발견, 작전술과 군사학의 혁신, 그리고 드레스덴 전투 등 나폴레옹에게는 수많은 업적이 있지만 그중 우리에게 가장 유명하고 놀라움을 주는 사건은 역시 불굴의 의지로 알프스산맥을 횡단했던 것이 아닐까 싶습니다. 그런데 나폴레옹보다 약 2000년이나 먼저 알프스산맥을 넘어선 또 다른 명장이 있었습니다. 심지어 화학 반응을 하나의 횡단 전략으로 사용하면서까지 말입니다.

한니발 바르카(Hannibal Barca, B.C.247-B.C.183)는 현재 튀니지 영토에 해당하는 고대 카르타고를 대표하는 명장으로 유럽 대륙 제국이었던 로마에 대항했습니다.[2] 전략의 아버지라는 칭호에 걸맞게 한니발은 번뜩이는 전략을 활용해 압도적인 세력을 자랑하던 로마에 10년이 넘는 기간 동안 오직 단 한 번의 전투를 제외하고는 패배한 적 없는 전설적인 인물이었습니다.[3] 한니발이 망치와 모루 전술(Hammer and Anvil Tactic)을 발전시킨 양익포위전술을 선보여 군사 전술사의 획을 그은 인물로 알려져 있기도 하지만 역시나 우리에게는 코끼리부대를 앞세운 알프스산맥 횡단이 가장 흥미로운 이야깃거리일 것 같습니다.[4]

한니발은 알프스산맥을 어떻게 넘었을까?

해상력이 강대했던 카르타고와 로마 육군을 필두로 한 로마 제국군의 악연은 시칠리아 섬을 양분하고 있던 메시나와 시라쿠사 사이의 전쟁으로 불이 붙습니다. 메시나와 시라쿠사는 로마와 카르타고에 원조를 요청했고 로마의 전쟁 선포를 시작으로 기원전 264년 제1차 포에니 전쟁이 시작됩니다. 당시 어린 한니발의 아버지 하밀카르

대리석 조각상으로 표현한 한니발 바르카 (Sébastien Slodtz 작)

바르카(Hamilcar Barca, B.C.270-B.C.228)는 제1차 포에니 전쟁 이후 히스파니아에서 사망하였으며, 한니발은 이후 로마에 대한 영원한 복수를 맹세합니다. 히스파니아의 총독이 된 28세의 한니발은 제2차 포에니 전쟁을 통해 현재 스페인 동부 뮤비드로에 해당하는 사군툼(Saguntum)을 함락시키며 로마 본토에 대한 본격적인 습격을 계획합니다.

이미 로마의 세력은 지중해에서 완전한 우세를 점하고 있어 해상을 통한 로마 침공은 불가능한 상황이었습니다. 고심 끝에 한니발은 보병 약 3만 8000명, 기병 약 8000명, 그리고 코끼리 37마리를 이끌고 피레네산맥을 넘어 알프스로 향하게 됩니다. 그리고 기원전 218년, 한니발은 초겨울 단 13일이라는 짧은 기간 동안 콜 드 클라피에를 통해 알프스산맥을 횡단합니다.[5] 이때 상상할 수 없을 정도로 가혹한 환경, 끝없이 이어지는 원주민들과의 국소 전투로 인해 단순히 무시할 수 없을 정도의 인명 피해가 발생했습니다. 출정한 보병과 기병의 절반가량이 산맥을 넘으며 낙오되거나 사망하였으며, 전투 코끼리도 대부분 무력화되어 횡단 이후 실질적인 전투에 사용되지는 못했습니다.

사실 전쟁에 코끼리를 활용하는 것은 쉽사리 상상이 되지 않습니다. 하지만 북아프리카에 위치한 국가였던 카르타고에서는 전투에 코끼리를 활용하는 것이 그다지 신기한 일은 아니었습니다. 실제로 사군툼 전투에서 코끼리는 로마 육군의 혼란을 유발하여 소기의 성과를 거두기도 했습니다. 하지만 만년설이 쌓인 좁은 산길을 통해 알프스산맥을 횡단하는 것은 강인한 코끼리에게도 가혹한 일이었으며 이후의 전투에서 코끼리가 전투에 투입되는 것은 불가능했습니다.

알프스를 통과한 한니발은 카르타고와 마찬가지로 로마에 대항하던 갈리아 부족들과 합세하게 되고, 이후 다수의 전투를 거쳐 이탈리아반도를 남진했습니다. 기원전 216년에는 역사적인 대전쟁으로 알려져 있는 칸나에(Cannae) 평원 전투가 펼쳐집니다. 무려 9만 대군을 상대로 한 칸나에 평원 전투에서도 압도적 승리를 거둔 한

코끼리를 투입한 자마 전투를 나타낸 그림 〈La battaglia di Zama〉 (Cornelis Cort 작)

니발과 카르타고가 로마 제국에 균열을 만들어낼 것으로 기대하는 이들이 많아졌습니다. 하지만 한니발의 진격은 곧 막을 내립니다. 거대한 코끼리 부대와 공성 병기 모두를 알프스산맥 횡단에 이끌고 갈 수는 없어서 성을 공략하기 위한 공성 병기를 두고 왔기 때문입니다.

단순히 장비의 부족만으로 한니발의 정벌이 실패했다면 의아하겠죠. 사실 카르타고 본국에서 보내오는 지원군이 분산되며 합류가 제대로 이루어지지 않았고, 카르타고 서부에 위치해 세력권에 포함되었던 누미디아의 반란, 그리고 한니발을 제외한 카르타고 장군들 전원의 패배로 전황이 암울해졌습니다. 결국, 카르타고는 로마에

무릎 꿇게 되었습니다. 《영웅전》으로 알려진 그리스의 역사가 플루타르코스는 한니발이 독을 마시고 자살로 최후를 마감한 것으로 서술하고 있습니다.

《리비우스 로마사》 속 식초

후세는 한니발을 위대한 전략가로 평가하며 알프스산맥 행군을 실행한 과감성과 성공으로 이끈 용병술을 칭송합니다. 물론 로마를 공략하기 위해 알프스산맥을 넘는다는 극단적인 판단이 현명하지 않았다는 의견도 있고, 한니발 이전에도 알프스를 넘어 로마를 공격한 켈트족의 사례들이 다수 있었다는 점을 들어 비판하는 이들도 있습니다. 하지만 한니발은 당대 강력했던 제국에 대항해 가장 극적인 순간 혁신적인 전략으로 승리를 거둬낸 명장임에 틀림없습니다. 그런데 한니발의 알프스 횡단에서는 인간의 끈기와 의지 외에도 하나의 화학물질이 중요한 역할을 했음을 역사서 속에서 찾아볼 수 있습니다.

한니발의 알프스산맥 횡단에 사용된 화학물질에 대해서는 고대로마의 역사가 티투스 리비우스(Titus Livius Patavinus, B.C.59-B.C.17)가 저술한 《리비우스 로마사》에 다음과 같이 언급되어 있습니다.

'병사들은 그것을 뚫으라는 명령을 받았다. 그들은 나무를 베어내고 큰 나무 더미를 바위 위에 쌓았으며, 바람이 강하게 불 때 더미에 불을 붙였다. 바위가 붉게 달아오를 정도로 뜨거워졌을 때, 암석을 분해하기 위해 그 위에 식초를 부었다. 불을 가한 후 도구로 길을 열었으며, 급경사를 완만하게 만들어 짐을 진 동물들뿐만 아니라 코끼리도 안전하게 내려갈 수 있게 하였다.'   -《리비우스 로마사》, XXI, 37[6]

식초라는 화학물질의 정체

식초(vinegar)는 요리나 세척을 위해 일상적으로 사용되는 물질이며, 화학적으로 구분한다면 유기 화합물에 해당합니다. 조금 더 전문적이고 깊이 있는 화학적 구분 규칙에 기초한다면 식초를 구성하는 주성분인 아세트산이라는 명칭에서 짐작할 수 있듯 식초는 산(acid)의 한 종류입니다. 모든 물질은 원자의 종류(원소)와 개수, 그리고 이들의 연결 방식에 의해 제각기 다른 특성과 함께 존재합니다. 아세트산의 경우 두 개의 탄소(carbon, C)와 네 개의 수소(hydrogen, H), 그리고 두 개의 산소(oxygen, O)로 이루어져 있는 간단한 물질입니다. 위협적이고 어려운 이름과는 다르게 인간에게 가장 친숙한 물질들인 이산화 탄소(CO_2)나 물(H_2O)과 동일한 구성 요소(탄소, 수소, 산소)로 이루어져 있습니다. 이들 중 유기화학물질을 구성하는 핵심 원소는 탄소입니다.

한 원자가 얼마나 많은 다른 원자들과 연결될 수 있는가, 그리고 이로부터 탄생하는 복잡한 화학 구조는 어떻게 결정되는가는 원소의 종류에 따른 보유 전자 수에 의해 결정됩니다. 원자번호 18번 이하의 작은 원소들의 경우, 다른 원자와 맞닿을 수 있는 가장 바깥쪽 전자 껍질이 총 여덟 개의 전자로 채워지는 순간 가장 안정한 형태가 만들어집니다. 이를 옥텟(Octet) 규칙이라 부릅니다. 예를 들어, 최외각 전자 껍질(valence shell)에 여섯 개의 전자가 존재하는 산소의 경우 두 개의 전자만을 더 받아들이면 옥텟이 만족되며, 다른 하나의 원자에게 두 개의 전자를 받거나(CO) 두 개의 원자에게 한 개씩의 전자를 받는(H_2O) 방식으로 결합과 구조를 만들게 됩니다. 다섯 개의 전자가 있는 질소(nitrogen, N)는 최대 세 개의 원자에게 하나씩의 전자를 받아 결합을 이룰 수 있고, 네 개의 전자가 있는 탄소의 경우 최대 네 개의 원자와 결합을 이뤄 더욱 복잡하고 다양한 구조를 형성할 수 있습니다. 예외적으로, 가장 작은 원소이자 하나의 전자로 이루어진 수소는 단 두 개의 전자만으로도 안정한 형태가 이루어질 수 있어 하나의 다른 원자와 결합하게 됩니다. 가장 많은 원자들과 연결고리를 만들 수 있다는 특징은 탄소가 유기화학의 기본이 되도록 허락했습니다. 탄소 원자들이 골격을 이뤄 분자의 틀(機)을 이루고, 수소, 산소, 질소 등의 원자들이 결합들을 채워 물질과 변화를 주도합니다. 이것이 유기화학의 기본입니다.

식초의 주성분인 아세트산은 두 개의 탄소로 이루어진 만큼, 그 발견 역시 두 개의 탄소로 이루어진 또 다른 화학물질에서 유래했음을 짐작할 수 있습니다. 인류가 과일이나 곡물, 벌꿀의 발효를 통해 만들어낸, 가장 오래된 화학물질 중 하나인 술이 그 주인공입니다. 더 정확히 말하면, 독할 때는 소독 효과가 있고 희석해 섭취하면 뇌가 각성되고 취하도록 만드는 에탄올(CH_3CH_2OH)입니다. 맥주나 와인의 형태로 기원전 약 1만 년부터 우리 곁에 있었던 발효주(에탄올과 여러 화학물질의 혼합)는 더 오랜 시간 공기 중에서 보관될 경우 변질을 한 차례 더 겪습니다. 흔히 '쉬다(spoil)'라고 표현하는 변질입니다. 주성분인 에탄올이 산소와 결합하여(산화) 아세트산(CH_3COOH)으로 변화하는 것이라 볼 수 있습니다.

결국, 에탄올이 있다면 아세트산을 만들어내는 것은 그리 어려운 일이 아닙니다. 기원전 3000년경 고대 바빌로니아에서 맥주나 무화과, 대추야자의 과발효로 식초를 만들었다는 기록이 남아 있습니다.[7] 사과식초, 감식초, 발사믹 식초, 홍초 등 수많은 식초의 향과 색을 결정짓는 것은 원재료와 그에 포함된 성분이며, 공통으로 나타나는 신맛은 아세트산에 의한 것입니다. vinegar라는 단어 역시 라틴어로 와인을 뜻하는 말(vinum)과 시다는 말(acer)로부터 유래했습니다.

지금은 요리에 사용되는 흔한 조미료 또는 희석해 마시는 상큼한 건강음료로 애용되는 식초는 과거에 그 가치가 더욱 높았습니다. 의학의 아버지 히포크라테스는 식초를 소독과 상처 치료에 사용했으며, 이집트의 마지막 파라오 클레오파트라 7세 필로파토르는 진주를 식초에 녹여 로마 공화국 장군 안토니우스를 유혹하는 사랑

의 묘약으로 사용했다는 기록이 남아 있죠.[8]

카르타고가 위치한 지중해 지역에는 포도를 짓이겨 10년 이상 나무통에서 발효 및 숙성시켜 만들어지는 발사믹 식초(balsamic vinegar)와 동부 아라비아 대추야자 발효로부터 얻어지는 과일식초가 있으니 한니발의 알프스 횡단을 가능케 한 잠재적인 후보에 추천해 볼 수 있겠습니다. 올리브유와 섞어 샐러드 등에 뿌려 먹거나 빵을 찍어 먹곤 하는 발사믹 식초는 제조의 난이도와 발효 시간으로 인해 과거에도 고급 식초에 해당했습니다. 원정을 떠나는 병사들이 대량으로 지참했을 가능성은 작을 수밖에 없죠. 아마도, 한니발과 원정군은 과일식초를 사용했을 것으로 생각됩니다. 실제로 비타민을 비롯한 미량영양소의 공급과 피로 회복을 위해 농축 식초를 물에 타 마시는 일이 과거부터 흔했기 때문에, 성공적인 알프스 횡단을 위해 식초를 지참했을 가능성은 매우 높습니다.

아세트산이 암석을 녹이기 위해서는

한니발의 원정에서 정말로 식초가 바위를 파괴하는 데 사용됐을지 이야기하기 위해서는 몇 가지 상황에 대해 조금 더 고민해봐야 합니다.

먼저, 꼭 식초여야만 했을지 생각해볼 만합니다. 원정을 떠나는 군대는 식재료와 식수 등을 병참으로 지참하고 보급합니다. 알프스 산맥 횡단과 로마 본토 침공이라는 과정에서 후속 부대에 의한 보급이 원활히 이루어지기는 어려우니 상당량의 식수를 지참할 수밖에 없습니다. 중요한 점은 앞서 언급한 《리비우스 로마사》에서 확인할 수 있듯이, 알프스 횡단을 설명한 부분에서 식초에 대한 이야기를 생략해도 행군길을 가로막은 바위를 제거했다는 결과가 얼마든지 만들어질 수 있다는 부분입니다. 리비우스가 역사에 대한 약간의 과장을 넣었다 할지라도, 굳이 식초를 사용했다고 기록한 것은 부자연스러운 점이 있습니다. 그럼에도 불구하고 기록을 긍정적으로 고려한다면 실제로 식초가 바위를 부수는 데 핵심적인 역할을 한 것이라 생각할 수 있습니다.

식초, 곧 아세트산이라는 산성 화학물질을 이용해 암석을 녹이기 위해서는 암석을 구성하는 물질이 특정한 종류여야만 한다는 조건이 따라 붙습니다. 바로, 석회암(limestone)이나 백운암(dolomite), 혹은 이들의 변성작용을 통해 형성된 대리암(marble)을 이루는 공통적인 요소인 탄산 칼슘($CaCO_3$)입니다. 탄산 칼슘이 산과 반응하여 녹는다는 즉, 용해(dissolution)된다는 사실은 환경 공해로 인해 내리는 산성비에 부식되어 파손되는 대리석 조각상들을 떠올리면 쉽사리 떠올릴 수 있습니다.[9] 탄산 칼슘은 아세트산을 포함한 산성 물질과 만나면 다음과 같은 화학 반응을 통해 물에 간단히 용해되는 염(salt)인 아세트산 칼슘($Ca(CH_3COO)_2$)으로 변화합니다.

$$CaCO_3 \text{ (s)} + 2CH_3COOH \text{ (aq)} \rightarrow Ca(CH_3COO)_2 \text{ (aq)} + H_2O \text{ (l)} + CO_2 \text{ (g)}$$

괄호로 표현된 정보는 각 물질의 상태를 의미하며 각각 고체(solid, s), 액체(liquid, l), 기체(gas, g)와 수용액(aqueous, aq)으로 구분됩니다. 고체 상태의 석회질 암석에 아세트산 수용액을 끼얹으면 물에 녹는 아세트산 칼슘과 물, 그리고 이산화 탄소 기체가 발생한다는 정보를 화학 반응식을 이용해 간략해서 나타낼 수 있습니다. 많은 정보를 핵심만 추려 간단히 표현할 수 있다는 점이 우리가 화학 반응식을 사용하는 이유입니다. 석회암이나 대리암에 염산 등의 산성 물질을 접촉시켰을 때 공기 방울의 발생과 함께 녹는 현상은 어렵 잖게 실험을 통해서 확인해볼 수 있습니다.

정말 바위를 식초로 부술 수 있었을까?

화학 반응으로만 생각한다면 식초를 보유한 한니발의 군대가 석회 암 암석을 녹여 길을 여는 것은 충분히 가능한 것으로 보입니다. 하 지만 조금만 계산해본다면 심각한 오류가 남아 있다는 사실을 깨달 을 수 있습니다. 인간이 마셔도 문제없는 정도의 식용 식초는 아세 트산 함량이 고작 3~5% 농도에 불과합니다.[10] 공업용으로 사용되 는 고농축 아세트산의 경우 일반적으로 45~75%의 농도이며, 이쯤 되면 위험한 수준의 산성 물질로 섭취했을 때 구강과 식도, 내장기 관에 돌이킬 수 없는 심각한 손상을 유발할 수 있습니다.

극단적으로 가정해서, 길을 틀어막고 코끼리가 끌어내 길에서 제거할 수 없을 정도의 거대한 암석을 10톤의 순수한 석회암이라 생각해보겠습니다. 화학 반응식은 수학에서의 다항식처럼 여러 물 질이 동시에 참여하는 경우가 많습니다. 문제는 물질마다 이루고 있는 원자의 종류와 개수가 다양하기 때문에, 질량이 모두 달라 단 순 비교가 어렵다는 데 있습니다. 이를 해결하기 위해서 화학자들 은 몰(mole)이라는 대체 단위를 사용해 서로 다른 물질 간의 참여 비 율을 산술적으로 비교할 수 있도록 만들었습니다. 물질의 분자들은 구성요소의 차이 때문에 무게(질량)는 모두 다르겠지만, 단순히 분자의 개수만을 고려한다면 직접적인 비교가 가능해지기 때문입니다. 딸기, 사과, 수박은 크기와 무게가 크게 차이 나는 세 종류의 과일이지만, 단순히 개수만을 생각해볼 수 있습니다. 이야기만 듣는다면 다소 허술하다 느낄 수도 있지만, 화학 반응식은 수학의 등식과 같은 의미를 가지니 개수로 설명하는 것이 가장 적합한 방법이 됩니다. 과일 화채 한 그릇을 만드는 데 딸기 네 개, 사과 한 개, 수박 한 개가 필요하다면, 화채 다섯 그릇을 위해서는 각 과일의 개수에 5를 곱하면 됩니다. 개수로 모든 것을 설명하는 것이 질량이나 부피보다 오히려 더 정확하게 되는 것입니다.

분자가 워낙 작기 때문에 몰은 아주 큰 수를 의미합니다. 1몰은 구성 입자(분자) 개수로 6.02×10^{23}이라는 상상하기 어려울 정도의 큰 수입니다. 10톤의 석회암은 구성 물질인 탄산 칼슘(100.09g/mol)을 기준으로 무려 9만 9910몰이라는 어마어마한 양에 해당합니다. 9만 9910몰이 어느 정도의 수치인가를 비교해보면 5.94톤의 소금 또는 34톤의 설탕, 혹은 1800L의 물과 같은 양에 해당합니다.

앞의 화학 반응식을 참고하면 1분자의 탄산 칼슘이 2분자의 아세트산과 온전히 화학 반응을 일으켜야만 녹아내릴 수 있게 됩니다. 물질 간의 반응 비율은 방정식에서의 계수(coefficient)와 같이 생각하면 간단합니다. 결국, 한니발은 19만 9820몰의 아세트산이 필요하며, 당시에는 절대 만들 수 없었을 75%의 초 고농축 식초라 가정해도 약 1만 6000L나 필요합니다. 약 25년간 숙성되어 만들어진 최상급 발사믹 식초가 최대 50%의 농도까지 농축될 수 있다고 하니, 이 경우에는 2만 4000L가 필요한 셈입니다. 물론, 산술적으로만 생각한다면 가능성이 있을지도 모르지요. 출정한 보병과 기병 도합 4만 6000명의 병력이 각자 생수통 하나 정도에 해당하는 500mL의 최상급 발사믹 식초를 지참했다면, 그리고 바위를 만나는 순간까지도 전혀 소모하지 않았다면 암석을 녹여 길을 만드는 것이 가능할지도 모르니까요. 즉 모든 조건을 최대한 짜 맞추더라도 식초만으로 암석으로 막힌 길을 뚫는 것은 불가능하다는 결론에 도달합니다.

열화학적 해석

리비우스의 서술에 따르면 병사들은 식초를 끼얹기 전에 대량의 나무를 베어 쌓아 올리고 불을 댕겨 뜨겁게 가열했다고 합니다. 대장간에서 구리나 철을 녹이듯, 뜨거운 열을 가해 암석을 녹이려는 시도였을까요? 그렇게 생각하기에는 약 900℃의 고온을 만들 수 있는 고급 장작인 참나무(oak)를 사용하더라도 1339℃에 달하는 탄산칼슘의 녹는점에 도달할 수 없다는 사실이 한계를 보입니다.[11] 만약 용광로에서 풀무질을 가한다면 석회암을 녹이는 정도는 충분히 가능하겠지만, 그것도 노출된 알프스의 협곡에서 불어오는 바람만으로는 불가능합니다. 높은 온도가 제공할 수 있는 하나의 가능성은 화학 반응의 속도를 조절하는 반응속도(reaction rate) 측면에서의 기여입니다.

얼음이 녹는 현상 또는 반대로 물이 빙결하는 현상에서는 관찰되는 온도의 변화는 없지만 보이지 않는 열의 이동은 존재합니다. 물에 포함된 열이 외부로 방출된다면(발열) 물은 더 낮은 에너지 상태가 되며 단단한 고체인 얼음으로 변화합니다. 반대로 열이 흡수된다면(흡열) 얼음은 녹아 물이 됩니다. 목재가 불에 타는 연소(combustion) 반응에서 발생하는 다량의 열은 열을 필요로 하는 흡열 반응에 열을 공급해 화학 반응을 더욱 빠르게 만들 수 있습니다. 대부분의 고체 물질이 물과 같은 용매에 녹는 반응은 단단하게 결합된 분자들 간의 상호작용이 끊어지며 발생합니다. 그래서 이는 결합을 끊기 위해 에너지를 흡수하는 흡열 반응에 해당합니다. 소금 결정이 차가운 물보다 뜨거운 물에 더욱 빠르게 많이 녹는 현상을 떠올리면 더 쉽게 이해할 수 있습니다. 석회암이 물에 용해되는 반응 역시 고온에서 더욱 잘 일어나겠지만, 중요한 점은 산과 금속 혹은 광물이 반응하는 산화 반응의 경우 흡열이 아닌 발열 반응이라는 것입니다. 결국, 땔감에 불을 붙여 만든 고온은 길을 막고 있는 석회암이 식초와 반응해 녹는 데에는 그리 큰 도움을 주지는 못합니다.

화학적으로 녹이는 것보다는, 오히려 열을 가해 달궈진 암석에 차가운 식초를 끼얹었을 때 발생하는 열충격(thermal shock)으로 균열을 일으키고 물리적으로 깨뜨리는 가열파쇄(fire-setting) 기법이 유효할 수 있습니다.[12] 팽창파쇄 기법은 냉각과 발열 두 가지로 구분됩니다. 장비가 없던 과거에 거대한 바위를 쪼개기 위해 좁고 깊은 틈을 여러 개 파낸 후, 물을 붓고 겨울밤 냉각시키는 냉각파쇄가 그중 하나입니다. 물은 얼음이 되면 약 9%의 부피가 증가합니다. 물

분자들 간의 수소결합(hydrogen bonding)에 의해 빈 공간을 포함한 형태로 굳어지며 나타나는 현상인데, 사소한 듯한 이 결과는 생태계에서도 중요한 역할을 합니다. 부피가 증가해서 얼음이 되면 밀도가 물에 비해서 10%가량 낮아집니다. 그래서 얼음이 물 위에 뜰 수 있게 됩니다. 추운 겨울철 강이나 호수 표면이 얼어붙어도 물속 생명체들이 살아갈 수 있는 이유가 여기에 있습니다. 냉각파쇄에서는 얼어붙은 물이 주위로 팽창하며 틈을 넓혀 손쉽게 큰 암석을 깨뜨릴 수 있도록 도와줍니다.

가열파쇄는 동기 시대(Copper Age) 혹은 청동기 시대(Bronze Age) 때부터 사용되어온 전통적인 채광 및 채굴 기법입니다. 뜨겁게 가열되어 부피가 팽창한 암석에 재빨리 차가운 물이나 눈, 혹은 얼음을 끼얹어 급격한 부피 변화를 유발합니다. 금속의 경우에는 담금질(temper)에서 볼 수 있듯 반복적인 가열과 냉각을 통해 구성 조직이 커지고 경도가 증가하게 됩니다. 하지만 암석과 같은 결정성 무기물질의 경우에는 이 과정에서 원자 간의 결합이 뒤틀리며 손쉽게 깨지게 됩니다. 현재 사용되는 높은 내열성을 갖는 도자기(porcelain)나 붕규소화 유리(borosilicate glass)의 경우 열팽창 계수가 낮아 반복적인 가열과 냉각에도 견딜 수 있습니다. 하지만 과거에 사용되던 일반적인 유리는 급격한 온도 변화로 간단히 깨지는 일이 흔했습니다. 이를 대표적인 가열파쇄의 예로 들 수 있습니다.

한니발은 뜨겁게 가열한 암석에 식초를 부어 화학 반응과 더불어 가열파쇄 기법을 활용했을 것입니다. 거대한 석회암 덩어리는 화학적인 용해와 동시에 몇 개의 조각으로 나뉘게 됩니다. 조각조각 나뉘며 암석에 파묻혀 감춰졌던 표면이 점점 더 노출되었을 것입니다. 그리고 증가한 표면은 식초에 의해 더욱 빠르게 녹아내렸을 것입니다. 이후 도구와 인력을 이용해 충분히 가파른 경사 아래로 암석을 굴러 떨어뜨릴 수 있게 되어, 남은 4일간의 알프스 하산을 통해 불시에 로마 제국을 급습해 승리를 거두었을 것입니다. 단순히 가열파쇄에 의한 작용만을 다루기에는 식초에 대한 언급이 너무나 매력적입니다. 비록 가열된 암석의 급속 냉각에 겨울철 알프스 어디에서나 찾아볼 수 있을 얼음이나 눈을 끼얹는 것이 더 효과적이지만 말입니다.

한니발 이후에도 동생 하스드루발(Hasdrubal Barca), 그리고 나폴레옹이 다시금 알프스를 횡단합니다. 하지만 이들이 비교적 온난한 여름철 알프스를 횡단한 데 비해 한니발은 로마군의 허를 찌르기 위해 겨울에 알프스를 넘었습니다. 말할 필요도 없이 고된 행군이었을 것입니다.

이 흥미로운 이야기는 리비우스가 단단히 닫힌 알프스의 길을 여는 데 식초를 사용했다고 서술한 것으로부터 시작되었습니다. 물론, 현재까지도 정확히 확인할 수는 없으며, 이 부분을 언급하지 않는 역사 저술가도 있습니다. 당대를 살아가던 그리스의 역사가이자 《히스토리아(Historiai)》로 유명한 폴리비오스(B.C.203–B.C.120 추정)는 한니발의 알프스 횡단 과정에서 식초를 언급하지 않습니다. 또한, 독일의 광물학자 게오르기우스 아그리콜라(Georgius Agricola)의 《데 레

메탈리카(De re metallica)》에 따르면 쇠로 만든 쐐기라는 의미의 acuto
가 리비우스의 자료 수집과 정리 과정에서 식초를 뜻하는 aceto로
잘못 전해져 오해가 생겼다는 해석도 있습니다.[13] 여러 학설이 한
니발의 알프스 횡단 과정을 다양한 방식으로 설명합니다. 최근에
는 고대 말 배설물의 흔적을 되짚어 횡단 경로를 추적하는 연구까
지 이루어지고 있는 상황입니다. 식초의 사용 여부 진위를 떠나 지
금으로부터 22세기 전에 이루어졌던 한니발의 알프스 횡단에는 열,
팽창, 산, 용해 등 당시 알려져 있던 다양한 화학적 원리가 작용했
다고 생각할 수 있습니다.

산은 산이고, 염기는 염기로다

산의 발견과 사용이 오래도록 이어져온 만큼, 그 사이 여러 발전
이 있었습니다. 산, 그리고 이에 대응되는 개념인 염기(base)에 대해
서는 다양한 구분 방식이 만들어졌으며 그 정도에 기반해 세고 약
함을 나누게 되었습니다. 가장 대표적이고 흔한 용매인 물을 기준
으로는, 물에 녹아 수소 양이온(H^+)을 생성하는 물질을 산으로, 수
산화 음이온($OH-$)을 생성하는 물질을 염기로 정의합니다. 이 방식
이 1903년 이루어진 제3회 노벨화학상 수상자인 아레니우스(Svante
Arrhenius)의 산염기 이론입니다. 인체를 구성하는 주 물질이자 모든
분야에서 사용되는 용매가 물인 만큼 우리에게는 가장 기초적인 이

론으로 자리매김하고 있습니다. 리트머스 시험지의 색상을 바꾸거나 페놀프탈레인 지시약의 색상이 변화하는 등, 교과 과정에서 접해 조금은 친숙한 모든 산과 염기의 반응은 아레니우스의 정의에 의해 설명됩니다.

하지만 시간이 지나며 학문과 기술이 향상되고, 사용되는 용매의 종류도 물을 넘어 다양해짐에 따라 이들을 포괄적으로 설명할 수 있는 새로운 이론의 필요성이 커졌습니다. 요하네스 니콜라우스 브뢴스테드(Johannes Nicolaus Brønsted)와 토머스 마틴 로우리(Thomas Martin Lowry)가 제안한 브뢴스테드-로우리 산염기 이론은 다양한 용액 내에서 수소 양이온의 이동을 통해 산과 염기를 정의합니다. 수소 양이온을 방출하는 물질이 산, 반대로 수소 양이온을 받아들이는 물질이 염기인 것입니다. 수소 양이온과 수산화 음이온이라는 두 가지 기준을 통해 구분했던 산과 염기에 대한 관점은 수소 양이온이라는 단 하나의 매개체를 통해 더 간단하고 폭넓게 발전했습니다. 이후 길버트 뉴턴 루이스(Gilbert Newton Lewis)에 의해 전자를 받거나 주는 거동을 바탕으로 다시금 산과 염기가 구분되기도 했습니다.

이제는 단순히 금속이나 암석을 부식시키는 특징을 갖는 시큼한 물질이 산이며 단백질을 녹여 미끈한 촉감을 주는 쓸쓸한 물질이 염기라는 고전적인 구분을 하지 않습니다. 산과 염기는 한니발이 암석을 녹여 길을 여는 데 화학 반응을 사용했듯, 실질적인 화학 반응을 설명하는 도구로 사용되고 있습니다. 분자의 형성이나 변화, 결합과 분리가 모두 전자를 매개체로 이루어진다는 사실을 생

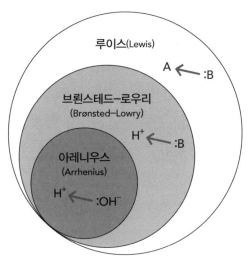

아레니우스, 브뢴스테드-로우리, 그리고 루이스의 산염기 이론 개념도

각해본다면, 전자의 주고받음에 연관된 산과 염기 이론은 현존하는 거의 모든 화학 반응을 설명하는 도구로 적용될 수 있습니다. 채광과 채굴 혹은 용해에서 화학이라는 학문적 본질에 다가섰으니 한니발 이후부터 지금까지 쌓여온 시간의 의미는 거대합니다.

실생활에서도 산은 다양한 분야에서 사용되고 있습니다. 금속과 반응하는 성질을 이용해 금속 표면 세척에 사용되거나, 질산과 황산 등의 강산성 물질은 비료와 폭발물의 제조에 활용됩니다. 전지가 전류를 발생시킬 수 있도록 전해질로도 사용되고 있으며, 유용한 유기·무기물질의 합성 과정에 필수적으로 사용됩니다. 인체 내에도 유전물질인 핵산이나 지방산, 아미노산과 비타민 등 산의 특성을 갖는 물질이 가득합니다. 식품, 촉매, 의약품, 반도체 공정 등

산이 사용되지 않는 곳을 찾는 것이 더 어려울 정도입니다. 한니발이 알프스산맥을 횡단하던 기원전 200년부터 첨단 현대 사회까지, 산의 화학 반응은 어디에나 있습니다.

전자와 핵은 왜 달라붙지 않을까?

모든 물질은 다양한 종류와 개수의 원소들이 서로 연결되어 이루어집니다. 원소의 기본 단위인 원자의 형태와 특징을 이해한다면 물질을 이해하기 쉬워집니다. 원자는 중앙에 매우 작고 단단하게 뭉쳐 있는 핵(nuclear)과 주위를 떠도는 전자(electron)로 이루어집니다. 핵은 양(+)의 전하를 갖는 양성자와 이들이 작게 뭉쳐 있을 수 있도록 돕는 중성자로 만들어져 있어 전체적으로 양의 전하를 갖습니다. 모든 원자가 양의 전하를 갖는다면, 자석의 같은 극이 서로 밀어내는 것처럼 원자들은 산산이 흩어져 세상에 물질이란 남아 있지 않을 것입니다. 그러므로 원자가 특별한 한 종류의 극을 갖지 않게끔 주위의 전자들이 상쇄시켜주는 역할을 합니다. 결국, 전자는 음(-)의 전하를 띠며, 핵 속의 양성자와 같은 개수만큼 포함되어 있습니다.

이번에는 다른 의문점이 떠오릅니다. 자석의 서로 다른 극 사이에는 끌어당기는 인력이 작용하는데 전자와 핵은 왜 달라붙지 않고 크기와 모양을 유지할 수 있는 걸까요? 핵 주위를 원운동하는 전자들은 끌려가거나 튕겨 나가지 않고 안정하게 상태를 유지할 수 있는 특별한 위치가 존재합니다. 바로 이 위치들을 우리는 전자껍질이라 부릅니다. 원자핵으로부터 먼 거리까지, 마치 양파와도 같이 여러 개의 전자껍질들이 자리 잡고 있습니다. 이들 중 다른 원자와 결합하거나 전하를 갖는 입자인 이온으로 변화하는 것과 같은 모든 화학 반응들은 전자가 채워진 껍질 중 가장 바깥쪽 껍질에서 일어나는 사건입니다. 이를 가장 바깥 껍질(殼)이라는 의미로 최외각(最外殼)이라 구분합니다.

최외각 껍질에 위치한 전자, 곧 최외각 전자는 원자핵이나 안쪽 껍질의 전자들보다 자유롭고 간단하게 떨어져 나가거나 추가될 수 있습니다. 전자가 떨어져 나간다면 다시금 원자핵의 양전하가 우세해져서 양이온이 탄생합니다. 11개의 양성자와 11개의 전자가 균형을 맞춰 중성을 유지하던 소듐(Na) 원자에서 전자가 하나 떨어져 나가면 소듐 양이온(Na^+)이 만들어지는 것을 떠올릴 수 있습니다. 반대로 전자가 최외각에 추가되면 이번에는 음전하가 우세해져 음이온이 만들어지겠죠. 염소(Cl) 원자에 전자가 추가되어 염화 이온(Cl^-)이 발생하는 경우에 해당합니다. 이렇게 만들어진 두 종류의 이온들은 다시금 서로 합쳐서 전하가 없는 안정한 물질을 형성해 우리에게 주어집니다. 소듐 양이온과 염화 이온의 결합으로 생겨나는 짠맛의 화합물인 염화 소듐(NaCl)은 곧 소금의 화학적 구조입니다.

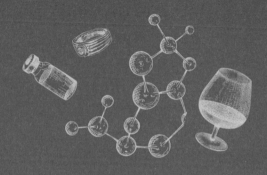

2부

화학은 세상을
어떻게 바꿨나

반짝인다고
모두 금은
아니라서

증식 금지법과
화학의 발전

우리도 금을 만들 수 있을까?

사회의 질서를 유지하기 위해 인간은 여러 가지 규범을 만들었습니다. 그중에서도 자율적인 강제만이 뒤따르는 관습이나 도덕과는 다르게, 법에는 국가 권력에 의한 물리적인 강제가 엄격하게 뒤따릅니다. 그렇다고 법을 개인의 자유 박탈이나 강제적인 억압으로 취급할 수는 없습니다. 흔히 말하는 '만인(萬人)의 만인에 대한 투쟁'에서 발생하는 혼란을 피해 공공복리를 추구하는 데에는 법의 역할이 큽니다.[1] 법이 언제나 약자나 대중을 대변하고 보호하지는 않습니다. 특정 집단, 특정 권력, 혹은 특정 세력에게 유리한 법도 역사 속에서 만들어지고 또 사라져왔습니다. 하지만 확실한 사실은 전쟁이나 폭력, 독, 오염 등에 대해서는 법이 보호장치로써 작동하고 있다는 것입니다. 그런데 15세기 초, 화학(당시에는 연금술)을 금지하는 법이 공식적으로 반포된 적이 있었습니다.

1404년 1월 13일, 당시 영국의 왕 헨리 4세는 영국 의회를 통해 증식을 금지하는 법령에 서명합니다. 증식 금지법(The Act Against Multipliers)은 연금술사들이 금이나 은을 만드는 행위를 금지하는 법령이었습니다. 증식 금지법 전후의 상황을 이해하기 위해서는 연금술이라는 환상적이지만 허무맹랑한 느낌으로 남아 있는 학문의 의미와 흐름에 대해 조금은 알아봐야 할 필요가 있습니다.

우리는 화학을 체계적인 자연과학의 한 분야로 여기지만, 그 시작과 변화에 대해서는 자신 있게 대답하기 어렵습니다. 조금 더 명쾌하게 이해할 수 있는 물리학(physics)을 떠올려볼까요. 물리학이 무엇인지, 그 원리나 과정에 대해서는 처음에는 전혀 알 수 없었겠지만, 인간이 돌을 두드려 깨고 던져 사냥하고 창과 활을 발견하는 모든 순간 물리학이 시작되었을 것입니다. 이후로도 물체의 운동을 생각하고 집을 짓는 과정에서 더욱 효율적이고 안전한 결과를 만들기 위해 물리학은 소리 없이 발전합니다. 시간이 흐르며 쌓인 지식과 번뜩이는 영감은 중력과 인력, 빛과 광학, 전기와 자기를 넘어 우주의 탄생과 근원적인 구조 및 힘을 해석하는 현대 물리학으로 이어집니다. 그 과정에서 또 다른 하나의 학문이 거대한 영향을 미치게 됩니다. 즉, 하늘을 바라보며 별의 운동과 변화를 그리던 천문학(astronomy)입니다.

한스 리퍼세이(Hans Lippershey)가 최초의 굴절망원경을 발명한 이후, 그 이름도 유명한 갈릴레오 갈릴레이(Galileo Galilei)가 발전시킨 반사망원경을 시작으로 천체의 운동에서 많은 것이 밝혀집니다. 그리고 그 결과는 물리학의 진보까지 연결됩니다.[2] 천문학과 연금술은 학문 발달 과정상 비슷한 면이 있지만 차이점이 있다면 물리학은 관찰과 계산, 해석이 핵심으로 작용해 성장할 수 있으며 천체나 물체의 운동을 직접 관찰하는 과정으로부터 자연스럽게 구축될 수 있던 것에 반해, 실험 없이는 성립할 수 없는 화학은 검증이나 발전이 더욱 어려운 학문이었다는 것입니다.

언젠가는 지구를 넘어 무한하고 광활한 가능성과 신비의 우주로 향하게 될 미래가 있는 천문학은 여전히 중요한 학문으로 남아있고, 천문의 물리적 해석은 천체물리학이라는 분야로 유지되고 있습니다. 하지만 안타깝게도 연금술은 그러지 못했습니다. 연금술이 쇠락하며 지금의 화학이 발전하게 되는데, 여기에는 여러 이유가 있겠지만 가장 큰 근본적인 원인은 하나였습니다. 어떤 노력에도 금을 만들 수 없었다는 것 말입니다.

아무 원소나 금으로 바꿀 수는 없다

화학자가 대중에게 가장 많이 받는 질문을 몇 가지 꼽으라면, 그중 '납으로 금을 만들 수 있는가?'가 반드시 포함됩니다. 이러한 질문은 연금술에 대한 진위와 궁금증으로부터 싹텄다고 해도 무방합니다. 많은 매체에서 연금술은 납을 비롯한 경제적 가치가 덜한 금속을 값비싼 금으로 바꾸려는 시도로 표현되는 경우가 많습니다. 마침 용어 자체도 납을 뜻하는 '연(鉛)'을 '금(金)'으로 바꾸는 '방법(術)'

으로 생각한다면 자연스럽게 연결되는 것 같기도 하죠. 하지만 연금술의 연은 '鍊'을 써서 연금술이 '금을 단련하는 방법'이라는 의미가 됩니다. 그러니까 상대적으로 가치가 덜한 납을 지목해 물질적인 변화에 집착하는 것은 전혀 아닙니다.[3]

하나의 금속을 금으로 변화시키는 기술은 원자 구조에 대한 이해와 핵반응의 발견을 통해 공상과학이 아닌 현실로 가능해졌습니다. 그렇다고 해서 아무 원소나 다 금으로 마음대로 바꿀 수 있는 것은 아닙니다. 태양이 빛과 열을 내며 불타오르는 것은 수소가 헬륨(helium, He)으로 합쳐지는 핵융합 반응에 의한 것으로 알려져 있습니다. 그렇다면 수소에서 시작해 하나하나 계속 합쳐가며 원자번호를 높인다면 79번째 원소인 금까지 도달할 수 있지 않을까요? 이론적으로는 안 될 것도 없겠지만 현실적으로는 불가능합니다. 원자의 중앙에 아주 작게 뭉쳐 있는 초고밀도의 원자핵을 마음대로 합치거나 충돌시켜, 덧셈을 하듯 키워나가는 일은 어렵고도 위험한 일이기 때문입니다. 더욱이 자연적으로 일어나는 항성의 핵융합은 안정한 원소인 26번 철 이후로는 만들 수 없기도 하니, 태양에서 금이 생겨나기를 기대할 수도 없습니다.[4]

그렇다면, 주기율표에서 같은 족에 속하는 원소들끼리는 비슷한 성질을 갖는다는 이야기를 떠올리며, 금과 같은 족에 있는 금속을 금으로 바꾸는 것은 어떨까요? 11족에 속해 있는 금의 위쪽을 올려다보면, 바로 위 47번 은과 가장 위의 29번 구리가 눈에 들어옵니다. 금에 비하면 저렴하다고는 하지만, 전선, 합금, 귀금속 등 여

원소가 더 높은 원자번호의 새로운 원소로 변화하는 핵융합은 태양에서 찾아볼 수 있다.

러 분야에서 사용되는 구리나 은을 금으로 바꾸는 것은 큰 이득이 되지는 않겠습니다. 그리고 이득이 충분하다 하더라도 같은 족에서 주기를 뛰어넘어 원소를 바꾸는 것은 더욱 어렵습니다. 적게는 32개에서 많게는 50개의 양성자를 원자핵에 집어넣는 작업이 간단할 리는 없겠죠.

위의 방법들보다는 오히려 납을 금으로 바꾸는 것이 더 간단합니다. 납은 원자번호 82번으로, 금으로부터 단 세 칸 떨어져 있는 비교적 친근한 원소입니다. 이웃사촌이라 해도 문제없을 만한 둘은 단 세 개의 양성자 차이만 지닐 뿐이며, 이 부분만 해결한다면 중성자 정도야 동위원소라고 주장해도 아무 문제 없을 것입니다. 난관은 납이 매우 안정한 원소이기 때문에 엄청난 양의 에너지를 투입해야만 다른 원소로 변할 수 있다는 것, 그리고 그 에너지를 생산해

투입하는 비용은 금의 가치를 무시할 정도로 압도적으로 많다는 것 정도입니다. 납보다 금에 더 가까운 80번 수은이나 81번 비스무트 (bismuth, Bi)를 사용한다면, 더 간단하게 성공할 수 있습니다. 수은의 금으로의 변환은 1924년 이루어졌으며,[5] 가장 성공적인 결과는 우라늄보다 높은 원자번호를 갖는 원소들의 발견으로 1951년 노벨 화학상을 수상했던 글렌 시보그(Glen Seaborg)가 1980년 비스무트 원자를 금으로 바꾸는 데 성공함으로 증명되었습니다.[6]

납을, 수은을, 그리고 비스무트를 금으로 바꾸는 데 성공한 것은 증식 금지법의 통과로부터 무려 570여 년의 시간이 지난 이후였습니다. 그렇다면 그때까지 사람들은 연금술의 무엇을 두려워했던 것일까요?

쉽게 이루어질 수 없는 꿈

우리는 연금술이란 단어를 접하면 흔히 부글부글 끓는 액체가 담긴 실험 기구들을 들여다보고, 또 무언가를 넣어 뒤섞기도 하며 금을 만들기 위해 끝없이 실험하는 장면을 떠올립니다. 더욱이 실험에 몰입한 연금술사들은 경계하듯 날카로운 눈빛이나 화난 듯한 표정으로 그려지기도 해 연금술에 대한 부정적인 느낌이 크게 다가오기도 합니다. 약 300년경 이집트 알렉산드리아에서 본격적으로 시작돼 17세기까지 성행했던 연금술은 그 오랜 역사만큼 많은 긍정적인 영향을 만들어냈습니다.[7]

탄압이나 제도적인 금지, 또는 마녀사냥 등을 피하기 위한 비밀스러운 기호와 그림들은 이후 원소 기호가 만들어지는 데 역할을 합니다. 수없이 반복되는 실험과 시도에 대한 기록은 연구자료의 기록법과 논문의 기본이 되고, 그 과정에서 발견된 새로운 물질들은 인간이 다룰 수 있는 범위의 경계를 넓혀갔습니다. 연금술의 역사와 발전을 알아보는 것도 분명 흥미로운 이야기겠지만, 이번에는 조금 더 구체적인 몇 가지 주제에 대해 알아보려 합니다. 금과 현자의 돌, 그리고 증식이란 무엇인가에 대해서 말입니다.[8]

세상에는 수많은 금속이 존재합니다. 당장 주위를 둘러봐도 금속으로 이루어진 물질들이 여럿 눈에 들어옵니다. 너무나 자연스러워서 '금속이란 무엇인가?' 라는 질문은 오히려 순간적으로 우리를 당혹스럽게 만들 정도입니다. 금속은 '열이나 전기를 잘 전도하고, 강한 힘을 가하면 넓게 펴지거나 길게 늘어나는 성질이 풍부하며, 특수한 광택을 가진 물질'로 정의됩니다. 여러 물질이 혼합되어 새로운 특성을 갖는 금속이 탄생하니 그 종류가 어마어마하게 많을 것입니다.[9] 심지어 금속으로 분류되는 원소들로 한정해도 무려 91가지 원소가 추려집니다. 이제까지 발견되고 만들어진 모든 원소 118개 중 75%가 넘는 비율이 금속일 정도죠. 하지만 우리가 떠올리는 금속은 대개 은백색의 차갑고 날카로운 것이며, 선명한 노란색을 갖는 금속은 금 외에는 없습니다. 특유의 색으로 '금색(golden)'이라는 고유명사로 색상이 대표될 만큼, 단순히 선명하고 밝은 노란색(yellow)과는 다른 느낌이 담겨 있습니다. 자연에서는 하늘의 노을을 볼 때 금빛을 떠올릴 수 있습니다. 금빛은 빛과 온기를 주는 태양의 색으로도 볼 수 있었고, 각 지역의 신화 중 태양신을 상징하는 색으로 꼽혀 신성한 금속으로 여겨지기 시작했습니다.

색이나 광택과 같은 외형적인 면 외에도, 산화(oxidation)되지 않는다는 화학적인 성질이 금에 더 높은 가치를 주었습니다. 철이든 니켈이든 아연이든 대부분의 금속은 산소와 결합된 금속 산화물의 형태로 광물에 포함되어 있는 경우가 많습니다. 결국, 환원(reduction)을 통해 우리가 알고 있는 금속의 형태로 만들어야만 사용할 수 있습니다. 금은 산소와 쉽게 결합하지 않는 금속 원소이기에 금광석이나 사금과 같은 금 본연의 모습으로 지각에서 바로 모을 수 있었습니다. 또한, 철로 만들어진 물품들이 물과 공기에 노출되면 서서히 녹스는 것과 다르게, 금은 아무리 오랜 시간이 지나도 그대로의 모습으로 남아 있습니다. 영원히 변하지 않는 금속이 사람들의 사랑과 관심을 받게 된 것은 그다지 놀라운 일이 아닙니다.

연금술 역시 금의 가치를 추구하는 학문입니다. 우리에게 친숙한 방향대로 낮은 가치의 금속을 귀중한 금으로 바꾸는 연구, 그리고 후에 의화학의 시초가 된 방향이었던 낡고 병든 몸을 새롭게 바꾸는 연구라 볼 수 있습니다. 이는 절대 간단히 이루어질 수 없는 목표이기 때문에 그 목표를 위해서는 신비로운 방법을 떠올릴 수밖에 없었습니다. '철학자의 돌'이라는 궁극의 목표이자 물질 말입니다.

증식에 이르는 길

철학자의 돌(philosopher's stone)은 현자의 돌이라고 불리기도 하며, 책에 따라 마법사의 돌이라는 표현이 사용된 경우도 있습니다. 일반적인 금속을 금으로 바꾸는 능력은 물론 영원한 생명을 이루는 힘

이 있다고도 합니다. 기대하는 결과가 마법처럼 보이지만 철학자의
돌에 닿기 위한 과정은 지극히 실험적이고 화학적이었습니다.[10]

철학자의 돌이라는 명칭은 연금술의 기본이 세상의 근원에 대한
철학적 생각에 뿌리를 두고 있다는 것과 관련 있습니다. 뜨겁고 건
조한 불, 습하고 뜨거운 공기, 차갑고 습한 물, 건조하고 차가운 흙
등 4원소로 세상이 이루어졌다는 생각이 시작점이 됩니다. 하지만
불은 꺼지고 공기는 멈추고 물은 증발하고 흙은 메말라 부스러지는
것과 같이 세상의 근원이라는 네 원소는 변질되고 부패하는 것처럼
보이기도 합니다. 이러한 현상을 변화라고 생각한다면 다시금 흥미
로워집니다. 원소가 변화하고 물질이 변화할 수 있다면 당연히 금
속도 변화할 수 있을 테니까요. 철학자의 돌을 만드는 첫 단계이자
일반 금속을 금으로 변화시키는 첫 단계는 수은에서부터 시작되었
습니다. 우연인지 필연인지 수은은 금과 가장 가까이 있는 금속 원
소이자 상온에서 액체 상태로 유일하게 존재하는 금속입니다. 그리
고 변화의 신이자 연금술의 상징인 헤르메스(Hermes)의 또 다른 이름
(Mercury)으로 통하기도 하는 금속입니다.

수은은 거의 모든 금속과 닿아 아말감이라는 합금을 형성합니
다. 수은에 금속을 넣어 액체 상태의 합금으로 만드는 과정이 첫 단
계이며, 이를 땅에 묻거나 보관해 부패시킵니다. 물론, 금속이 실
제로 부패하는 것은 아니며, 검은색으로 변화하는 흑색 작업 단계
(Nigredo)로 파괴를 통해 균일하게 만든다는 의미를 갖습니다. 다음
으로 정화가 이루어져 하얀색으로 물질이 변화하는 백색(Albedo) 단

계를 거쳐 태양 빛과 같은 황색(Citrinitas)에 이릅니다. 성공적으로 진행된다면 철학자의 돌과 같은 붉은색(Rubedo) 물질이 탄생하는데, 흑, 백, 황, 적의 네 가지 물질 변화가 이루어지는 과정이 위대한 작업(Magnus Opus)이라 불리며 가장 고귀하고 중요한 단계에 해당합니다(황색과 적색 단계 사이에 녹색 단계(Viriditas)가 포함되는 경우도 있습니다).[11] 이어지는 단계가 바로 증식(multiplication)입니다.

증식은 만들어진 물질의 양을 증가하도록 만드는 과정에 해당합니다. 이 과정을 상상하기는 쉽지 않지만 몇 가지 좋은 예시가 있습니다. 첫째, 발효입니다. 눈에 보이지 않는 매우 작은 미생물이 존재한다는 사실이 일반적으로 받아들여지지 않는 시대에는 미생물에 의해 일어나는 현상들을 양의 증가로 생각했을 수 있습니다. 빵을 굽기 전 반죽 후 이스트에 의해 부풀어 오르는 모습이나, 과실주나 발효 음식의 농도와 맛이 (미생물에 의해) 시간이 지나며 점점 진해지는 것 모두가 증식이 이루어지는 과정으로 여겨질 수 있었습니다. 동결응고나 침강도 증식의 또 다른 예입니다.[12] 소금을 물에 녹일 때, 차가운 물보다는 뜨거운 물에 더 많은 양이 녹을 수 있습니다. 물론, 모든 물질이 온도가 높을수록 더 많이 녹는 것은 아니지만, 설탕이나 커피믹스 등을 녹여보면 온도에 비례하는 용해도를 갖는다는 것을 알 수 있습니다. 뜨거운 물에 최대한 많은 소금을 녹인 후 차갑게 식히면 녹지 못하게 된 만큼의 소금은 가루가 되어 가라앉습니다. 용해도라는 의미를 모르고 이 신비한 현상을 들여다보면 많은 부피의 용액에 퍼져 있던 물질이 모여 순수한 형태로 가라앉아 증식한다고도 느낄 수 있습니다. 결국, 증식은 없던 곳에서 생겨나거나 적게 흩어진 물질이 모여드는 등 그 양적인 증가가 이루어지는 과정을 의미합니다. 증식까지 도달했다면 연금술의 마지막 단계인 투영(projection)이 뒤따릅니다. 투영은 만들어진 철학자의 돌을 다른 물질이나 인간의 몸에 덮어씌워 금을 만들어내거나 영생을 이뤄내는 최종 단계를 의미하며 위대한 작업의 종착지에 해당합니다.

연금술을 금지하는 법이 만들어지기까지 했던 것은 금의 양이 늘어난다는 결과 때문이었습니다. 당혹스러울 정도로 간단한 이유였지만 화폐 가치가 높은 금이나 은이 개인의 손에 의해 증식한다는 것은 사회 경제적 문제를 일으키기 충분했으니 그다지 놀라운 일은 아닐 것입니다. 사실 이전부터도 연금술이 지배자나 국가에 의해 부분적으로 또는 완전히 금지된 일은 있었습니다. 영생이나 물질의 변화를 이루려는, 미신적으로 보이는 측면은 유일신 종교와는 상응되는 개념이었기 때문입니다. 기독교를 국교로 삼았던 로마에서는 유스티니아누스 1세에 의해 연금술 문헌 파괴와 교육기관의 폐쇄가 이루어졌었습니다.[13] 1317년에는 연금술로 만들어진 가짜 금과 은이 사기의 도구로 사용되어 시민들에게 피해를 줄 수 있어 교황 요한 22세에 의해 연금술 금지령이 선포된 적 있으며, 동서 유럽의 여러 국가에서도 금지가 이어졌습니다.[14]

금을 만드는 마법

모든 일에는 이유가 있는 법입니다. 연금술이 사기의 도구가 될 것으로 우려했던 데에도 합당한 원인이 있었습니다. 금을 만드는 것처럼 보여 귀족과 투자자를 현혹시켜 많은 돈을 빼앗을 수도 있는 기술이 실제로 있습니다.

가장 완벽하게 마법을 선보일 수 있는 방법은 '금빛 비(golden rain)'라고도 불리는 간단한 실험입니다. 사용되는 물질들이 복잡하지 않아 15세기 연금술사들도 충분히 발견했을 정도입니다. 지금부터 이 실험을 조금 가공해서 철학자의 돌로 금을 만들어내는 실험처럼 꾸며보겠습니다. 금빛 비 실험은 금색 가루가 비처럼 내려 가라앉는 장면을 목격할 수 있는 아주 멋지고 간단한 실험입니다. 실제로 귀중한 금이 사용될 리는 없었고, 금과 비슷한 노란색 광택이 있는 물질인 아이오딘화 납(PbI_2)이 실험에 쓰였습니다.

연금술의 첫 단계는 부패나 분해를 통해 균일하게 뒤섞여 물질

본연의 특성을 잃어버린 형태를 만들어내는 것입니다. 납 조각을 녹여 이온 상태로 만들면 그럴싸하게 분해로 보입니다. 납을 강산성 물질인 질산에 넣어준다면 부글부글 수소 기체가 날아가며 납이 모두 녹아 투명한 용액이 만들어집니다.

$$Pb \text{ (s)} + 2HNO_3 \text{ (aq)} \rightarrow Pb(NO_3)_2 \text{ (aq)} + H_2 \text{ (g)}$$

만들어진 질산 납($Pb(NO_3)_2$) 수용액은 무색투명하며 실험실에서 수업을 통해 금빛 비 실험을 한다면 가루 형태로 만들어진 질산 납을 물에 녹이는 식으로 안전하고 간단하게 준비할 수 있습니다. 하지만 우리는 연금술사처럼 그럴듯한 모습을 투자자들에게 선보이기 위해 질산을 사용할 수 있습니다.

투명한 질산 납 수용액에 아이오딘화 포타슘(KI) 수용액을 넣어본다면 갑작스러운 색 변화가 발생합니다. 납과 아이오딘 이온이 만나 노란색의 화합물이 만들어지는데, 뜨거운 물이 아니고서야 이 물질(PbI_2)의 용해도가 높지 않아 노란 흙이 잔뜩 떠다니는 흙탕물처럼 보입니다.

$$Pb(NO_3)_2 \text{ (aq)} + 2KI \text{ (aq)} \rightleftharpoons PbI_2 \text{ (s)} + 2KNO_3 \text{ (aq)}$$

반짝인다고 모두 금은 아니라는 톨킨(J. R. R. Tolkien)의 이야기처럼, 노란색 알갱이로 가득 차 있지만, 아직 금처럼 보이지는 않습니다. 다시 한번 형태를 바꾸기 위해 열을 가해 물의 온도를 높여준다면, 용해도가 낮아 고체 알갱이로 떠다니던 아이오딘화 납이 녹아 납 양이온과 아이오딘 음이온으로 해리됩니다. 새하얀 소금 알갱이가 물에 녹으면 투명한 소금물이 되듯, 노란 알갱이들은 어느새 사라져 연노란색만 남아 있는 투명한 용액이 만들어집니다.

$$PbI_2 \text{ (s)} \rightleftharpoons Pb^{2+} \text{ (aq)} + 2I^- \text{ (aq)}$$

색상 변화로 철학자의 돌이 만들어지는 과정을 설명하던 위대한 작업을 보여주고 싶다면, 그리고 만약 산성도에 따라 색이 바뀌는 지시약을 구했다면 몇 방울 넣어보는 것도 좋습니다. 납을 녹이고 남은 질산 때문에 산성이 된 용액은 메틸 오렌지(methyl orange)나 양배추 지시약인 안토시아닌(anthocyanin)의 색을 새빨갛게 만들어 그럴싸한 루베도 단계인 것처럼 꾸며줄 수도 있을 것입니다.

아이오딘화 납을 녹이기 위해 가열하던 불을 치워주고 서서히 냉각되도록 한다면, 어느 순간 갑자기 석출되어 자라난 아이오딘화 납 결정들이 눈송이처럼 흩날리며 바닥에 쌓이게 됩니다. 핵의 형성과 결정이 자라는 속도로 유리에 대해 알아보았던 내용을 기억한다면, 만들어지는 물질은 높은 결정성을 갖는 아이오딘화 납 조각들임을 예상할 수 있습니다. 처음 납과 아이오딘화 이온을 단순히 섞어 탁한 노란색의 용액을 관찰했던 것과는 다르게, 가열 후 냉각시키는 재결정(recrystallization)에서 만들어지는 물질은 특유의 모양과 광택이 있는 경우가 많습니다. 아무런 설명도 없이 금빛 비 실험을 지켜보고 있었다면, 이 순간 아무것도 없어 보이던 투명한 용액에서 금이 만들어져 내려앉는 장관을 목격하게 됩니다. 그야말로 재결정과 침강에 의한 금의 증식이 이루어지는 현장입니다.

보통은 금빛 비 실험이 여기에서 마무리되지만, 거름종이나 면에 쏟아 부어본다면 더욱 멋진 결과물을 만나게 됩니다. 작은 금빛 알갱이들이 걸러져 서로 달라붙어 금빛으로 빛나는 얇은 금박지(사실은 아이오딘화 납 박지)가 만들어집니다. 정말로 납을 넣어 녹이고 몇 가지 작업을 해서 금 조각이 만들어지는 현장을 두 눈을 똑바로 뜨고 있는 가운데 마주하게 되는 것입니다.

"자, 이런 식으로 납으로 금을 만들 수 있습니다. 여러분이 투자하신다면 더 많이 아주 잔뜩 만들어 드리죠!"

이 한 마디만 덧붙인다면 왜 목숨을 걸고 연금술로 납을 속여 돈을 챙겨 갔던 사기꾼들이 쏟아져 나왔으며, 이 때문에 법령이 만들어지기도 하고, 또 연금술이 변질되고 쇠락해 화학의 시대로 넘어갔는지 실감할 수 있겠습니다.

사실, 금빛 비 실험은 현대 화학 기술을 바탕으로 후기 연금 사기꾼들의 수법을 각색해서 만들어본 것뿐입니다. 아이오딘화 포타슘을 만드는 재료들은 꽤 나중에 얻어지기도 해서 시연에 적합할 정도로 순수한 물질을 얻는 것은 쉽지 않았습니다. 15세기 사기를 목적으로 한 연금술사들의 기술은 이보다 허술했지만, 누군가를 속이는 데는 충분했습니다.

금빛 비 실험은 간단하게 납을 금처럼 보이게 만들 수 있는 실험이다. 완전히 용해된 아이오딘화 납 (좌)이 냉각되면 석출되어 흩날리는 금의 모습(우)처럼 보인다.

겉을 납이나 아연 같은 부식되기 쉬운 금속으로 얇게 도금한 금 막대기를 준비해 황산이나 질산, 염산 등 강한 산성 물질에 넣는 방식이 유명합니다. 금은 산화가 거의 되지 않는 매우 안정한 귀금속이기 때문에, 진한 염산과 진한 질산을 3대1의 비율로 섞어 만드는 왕수(aqua regia)를 제외한 강산에서는 녹지 않고 모습을 유지합니다. 결국 겉을 감싼 은백색 금속은 기포를 내며 녹아 사라지고, 감춰졌던 금이 모습을 드러내면서 연금술은 대성공으로 이어집니다. 은과의 합금을 이루면 특유의 황금빛이 사라지고 은백색이 되는데, 금-은 합금으로 만든 동전을 질산에 넣으면 은 부분만 녹고 금색 동전이 만들어집니다. 물론 여기저기 은이 녹아나 구멍이 조금 뚫려 있겠지만 물질이 바뀌었다는 사실은 직접 만져보고 알 수도 있으니 설득에는 문제가 없겠죠.

산을 사용하지 않아도 검은색 왁스나 탄소 페인트 등으로 색칠한 황금 못을 특별한 용액에 넣어 씻기게 할 수도 있습니다. 물에 녹는 친수성 페인트나 기름 등 유기 용매에만 녹는 소수성 페인트도 따로 있으니 그럴듯한 공연을 선보이기엔 안성맞춤입니다.

현대 사회에서도 남을 속이는 방법이 수없이 다양한 것처럼 14세기 이전에도, 심지어 기원전부터도 자신의 이득만을 위해 타인에게 손해를 끼치는 경우는 언제나 있었습니다. 연금술이 표적이 되어 법령을 통해 관리되었던 것은 금의 높은 가치 때문이기도 했지만 당시 사회적 분위기의 영향도 컸습니다. 14세기에는 흑사병 탓에 유럽 인구의 절반가량이 사망했다고 알려져 있으며, 그 전후로 백년 전쟁, 장미 전쟁과 같은 거대한 전쟁과 스위스의 아펜첼 전쟁, 글렌다워 봉기, 오스만-헝가리 전쟁 등 분쟁이 끝없이 일어났습니다. 금의 가치는 계속해서 높아졌고 봉기나 반란의 씨앗이 될 수 있었기 때문에 국가의 관리가 더욱 엄격해진 것입니다.[15]

연금술의 영향

연금술은 마술과 과학, 신앙과 신비주의가 뒤섞인 학문이어서 역사 속 과학 분야 중 가장 흥미로운 이야기로 가득합니다. 십수 세기 동안 발전하고 탄압당한 역사를 반복해온 학문인 만큼 그 영향이 작지 않습니다. 실험 장비, 기술, 물질에 대한 이해 등 화학의 형성과 핵심에 작용한 것은 말할 필요도 없으며,[16] 연금술과 관련된 인물이나 사건이 하나의 매력적인 아이콘으로 수많은 문학 작품에 등장하곤 합니다.

빅토르 위고의 《노트르담의 꼽추》의 악역인 대주교 클로드 프롤로(Claude Frollo)나 단테 알레기에리의 《지옥》 중 33곡의 연금 사기꾼 그리폴리노(Griffolino d'Arezzo)와 카포키오(Capocchio)가 떠오릅니다.[17] 그런가 하면 독일의 대문호 요한 볼프강 폰 괴테의 《파우스트(Faust)》 2막에서는 연금술로 만들어진 호문쿨루스(Homunculus)가 등장해 파우스트와 메피스토펠레스를 이끕니다.[18] 현대의 소설에서도 연금술이나 철학자의 돌은 활발하게 쓰입니다. 조앤 롤링의 《해리 포터(Harry Potter)》 시리즈도 우리나라에 출간될 때에는 '마법사의 돌(Sorcerer's Stone)'이라는 말이 붙었지만, 영국판은 '철학자의 돌'이라는 말이 제목에 들어갑니다. 크툴루 신화의 창조자로 유명한 하워드 러브크래프트(Howard Phillips Lovecraft)나 움베르토 에코(Umberto Eco)의 소설에도 연금술은 중요하게 등장합니다.

중세 판타지와 연관되는 연금술은 현대 사회에서 하나의 거대한 문화로 자리매김한 비디오 게임에서도 흔히 나타납니다. 〈엘더 스크롤(Elder Scrolls)〉 시리즈, 〈데빌 메이 크라이(Devil May Cry)〉나 〈드래곤 퀘스트(Dragon Quest)〉, 〈에버퀘스트(EverQuest)〉 등 연금술이 하나의 장치로 사용된 게임은 수없이 많습니다. 1997년부터 이어져온 〈아틀리에(Atelier)〉 시리즈나 〈포션 크래프트(Potion Craft)〉, 〈알케미 엠포리움(Alchemy Emporium)〉은 천연 재료를 구해 물질을 만드는 연금술이 주체가 된 게임이며, 자크트로닉스(Zachtronics) 사가 출시한, 연금술 요소와 원자를 조작해 물품을 만드는 퍼즐 게임 〈오퍼스 매그넘(Opus Magnum)〉은 그야말로 디지털에서 재해석된 연금술의 모습으로 볼 수 있습니다.

회화에도 연금술의 흔적은 직·간접적으로 남아 있습니다. 연금술과 관련된 기록이 기호와 그림으로 많이 전해졌기 때문에 연금술이 미술과 관계 깊은 것은 자연스러운 일입니다. 추상표현이나 초현실주의로 옮겨갈수록 연금술은 재해석되어 철학적 측면까지 주목받게 됩니다. 잭슨 폴록(Jackson Pollock)의 〈연금술(Alchemy)〉이나 마르셀 뒤샹(Marcel Duchamp)의 〈심지어, 그녀의 독신자들에 의해 발가벗겨진 신부(La mariée mise à nu par ses célibataires, même)〉,[19] 그리고 살바도르 달리(Salvador Dali)의 〈철학자의 연금술(Alchimie des Philosophes)〉 등 거장의 대표작 중에서도 연금술을 피상적으로 표현한 것부터 연금술의 깊은 의미를 담은 것까지 찾아볼 수 있습니다.

변질되던 연금술이 증식 금지법에 의해 제약을 받으면서 후기 연금술사 혹은 초기 화학자들은 금이 아닌, 의약품의 화학과 물질의 반응에 관심을 갖게 됩니다. 1404년 금지되었던 연금술에 대한 자유는 화학의 아버지 중 한 명으로 칭송받는 위대한 화학자이자 연금술사였던 로버트 보일(Robert Boyle)의 노력에 의해 1689년 폐지됩니다.[20] 그러나 화학 시대의 개막이 연금술의 소멸을 의미하지는 않았습니다. 아이작 뉴턴과 괴테를 거쳐 심리학자인 카를 융(Carl Jung)까지 각 분야의 명사들은 연금술의 가치를 계속해서 탐구했습니다. 그리고 이제는 화학과 과학의 진보로 금의 영원함, 반짝임의 원리나 표면적 의미 등을 이성적으로 들여다보게 되었습니다. 아름다움과 고귀함의 가치를 위한 금과 귀금속에 대한 물질적인 집착을 넘어서, 보다 실용적이고 유용한 목적으로 원소를 바라보는 시대로 우리는 한 걸음 더 나아가게 되었습니다.

'모든 위대한 예술은 연금술에서 태어나고 죽음을 초월한다. 하지만 나는 초의식을 통해 내면을 초월하여 금을 만든다.'   - 살바도르 달리

11족에 속해 있는 원소들에게는 특별한 것이 있다?

족으로 분류된 주기율표의 원소들에는 화학적 특징에 어울리는 명칭이 제 각기 붙어 있습니다. 물을 알칼리성으로 바꿔주는 1족 알칼리 금속이나, 염 (halo)을 만드는 특징이 강한 17족 할로젠 원소들, 그리고 화학 반응에 대해 소극적으로 참여해 활성이 없는 것으로 취급되는 18족 비활성 기체가 대표 적입니다. 그중 가장 독특한 별명을 갖는 족은 주화 금속(coinage metal)으로 구분되는 11족 원소들일 것입니다.

구리와 은, 금 등은 과거로부터 동전과 같이 화폐 가치를 갖는 물건을 만 드는 용도로 사용된 역사가 깊어 주화 금속이라 불립니다. 단, 인공적인 원소 합성을 통해 발견된 뢴트게늄(Rg)은 금의 아래를 차지하고 있지만 실제로 사 용할 만큼 만들어내거나 안정하게 취급할 수 없다는 특성을 고려한다면 주 화 금속에서는 예외로 취급될 수밖에 없을 것입니다.

같은 족에 속해 있지만 눈으로 보이는 색상이 가장 극명하게 차이 난다는 것 역시 11족 원소의 유별난 점입니다. 같은 금속류지만 1족 원소인 리튬, 소듐, 포타슘, 루비듐, 세슘 모두 은백색인 금속의 모습입니다. 하지만 구리 의 경우 금속을 구성하는 자유전자가 사람의 눈으로 볼 수 있는 빛의 색상인 푸른빛과 녹색 빛을 흡수하기 때문에, 흡수되지 않고 반사되어 관찰되는 적 갈색인 구리색 혹은 적동색을 띕니다. 은은 은빛이나 은백색이라 표현되는 것처럼 다른 금속에 비해 매우 높은 약 97%의 반사율을 가져 유독 반짝이고 따뜻한 하얀색의 광채를 갖습니다. 금은 더욱 극적인 선명하고도 고귀한 황 금빛을 나타냅니다.

화폐 가치를 논하지 않아도 11족 원소들의 장점은 뚜렷합니다. 일반적으로 전기가 잘 통하는 도체의 성질을 갖는 금속 중에서도 11족 원소들은 유독 전도성이 뛰어납니다. 가장 뛰어난 전도성을 갖는 원소가 은, 다음으로 구리와 금이라는 것은 신기할 정도입니다. 열을 전달하는 성질도 금속 중 11족 원소들이 최고로 여겨집니다. 이런 성질들 때문에 구리와 은, 금은 장신구나 귀금속으로는 물론이고 전자기기의 회로나 전선을 만드는 용도로도 사용되고 있어 그 가치는 금에 집착하던 과거보다 더 높아졌다고도 볼 수 있습니다.

색깔과 화학이
관계를 맺는다면

X선과 물감에
얽힌 비밀

그 그림 속에는 무엇이 있었을까?

화학은 물질에 숨겨진 정보를 찾아내는 데 마법처럼 사용됩니다. 미지의 물질이 얼마나 유용할지, 위험한지, 또는 무엇으로 이루어졌는지 알고자 할 때 화학은 비밀의 답을 제공합니다. 심지어 예측하기 불가능에 가까울 수준의 '얼마나 오래된 것인가'의 정보 역시 화학을 통해 얻을 수 있습니다. 방사성 연대 측정법(radiometric dating)은 물질이 만들어진 순간부터 기록되고 변화하는 원소의 특성을 읽어 과거를 밝히는 가장 대표적인 방법입니다.

양성자(proton)의 개수가 한 개로 이루어진 원소는 수소, 여섯 개라면 탄소, 79개는 금이라고 정해져 있습니다. 이렇게 양성자의 개수는 원소의 종류, 곧 본질을 결정합니다. 그리고 원자핵에 양성자들과 함께 존재하는 중성자(neutron)는 원소의 본질을 바꾸지는 못하지만, 다양한 질량으로 구분될 수 있도록 다양성을 만들어냅니다. 중성자 개수의 차이로 인해 같은 원소가 여러 질량을 가진다고 할 때,

모두가 똑같은 정도로 안정할 수는 없을 것입니다. 가장 안정한 종류가 있고, 조금은 불안정한 종류들, 그리고 너무나 불안정해서 안정해지고자 변화하는 종류가 있겠습니다. 높은 곳에서 낮은 방향으로 물이 흐르고, 뜨거운 물체가 식는 것과 같이 불안정한 원자핵은 스스로 붕괴해 안정한 원자핵으로 바뀝니다. 일반적인 탄소보다 두 개의 중성자가 더 포함된 14C는 5730년마다 절반씩 붕괴되어 다른 원소(14N)로 변화합니다.[1] 물질 속 14C의 양을 확인해, 물질이 생성된 시기와 나이를 계산해낼 수 있는 것입니다. 탄소 외에도 다양한 종류의 방사성 원소가 있으며, 이들은 붕괴하는 데 각기 다른 시간을 필요로 하기 때문에, 지구의 나이부터 지층의 생성 시기 등 인류가 경험할 수 없는 아득한 과거를 구분하는 데 큰 도움을 줍니다.

물질의 연대 측정은 지구적인 규모에서만 이루어지는 과정은 아닙니다. 뒤늦게 발견된 예술작품의 진위를 판별하고 시대를 구분해 작가를 특정하는 데도 사용될 수 있습니다. 물론, 예술작품이 수천 년 혹은 수만 년 전의 유물인 경우는 흔치 않기에 조금 더 구체적이고 추적하기 쉬운 기준과 대상이 필요합니다. 예컨대 안료, 곧 물감이 과거를 읽는 실마리가 되기도 합니다.

렘브란트의 그림이 X선을 만났을 때

서양 미술사에 큰 영향을 끼친 화가로 네덜란드의 렘브란트 판 레인(Rembrandt Harmenszoon van Rijn, 1606-1669)을 꼽을 수 있습니다. 렘브란트를 수식하는 표현 중 가장 유명한 것은 '빛의 화가'입니다. 단순히 빛의 표현에 능숙하다기보다는 빛과 그림자의 활용에 새로운 방식을 제안했다고도 볼 수 있습니다. 빛과 그림자의 표현을 우리는 명암(明暗)이라 부르며 서양 미술사에서는 레오나르도 다 빈치(Leonardo di ser Piero da Vinci, 1452-1519)에 의해 추구되었던 키아로스쿠로(Chiaroscuro; 'light'를 뜻하는 'chiaro'와 'dark'를 뜻하는 'scuro'를 합친 말)라 표현됩니다.[2] 레오나르도의 미술 작품들을 살펴보면 그가 추구했던 빛의 표현을 느낄 수 있습니다. 레오나르도의 키아로스쿠로는 그림 전체의 명암을 표현해 밝음에서 어두움으로의 시각과 기억의 이동을 삼차원적으로 표현하고자 했습니다. 가장 중요한 대상(밝음)에서 배경(중간)이나 옷과 장식(어두움) 등으로의 명암 차이를 만들어 그림을 바라보는 사람의 집중을 조절하는 방식입니다. 더불어 스푸마토(Sfumato)라는 기법으로 물체의 윤곽선을 연기처럼 번지듯 흐릿하게 그려 색채로 원근을 설정하는 공기 원근법(atmospheric perspective)을 창안하기도 했습니다.[3] 레오나르도의 키아로스쿠로와 스푸마토는 대표작인 〈모나리자(Mona Lisa; La Gioconda)〉에서도 드러납니다.

렘브란트는 레오나르도의 키아로스쿠로의 뛰어남은 인정했지만, 획일화된 명암 적용에서 느껴질 수 있는 그림의 유사성과 익숙함은 극복하기를 원했습니다. 카라바조(Michelangelo Merisi da Caravaggio, 1571-1610)의 혁신적인 그림과 명암 표현 기법인 테네브리즘(Tenebrism)은 어둠(tenebra)이라는 말이 포함된 데에서도 짐작할 수 있듯 중간적인 명도 단계 없이 방향성이 있는 강렬한 조명을 설정해 극적인 느낌을 주게 됩니다. 렘브란트가 빛과 그림자의 달인이라는 평가를 받는 것은 테네브리즘을 사용하는 데 있어 극단적인 어둠과 밝음을 사용하지 않고도 비율을 통해 색과 빛을 표현하는 자신만의 방법을 확립했기 때문이었습니다.[4] 더불어 임파스토(Impasto) 기법을 통한 거친 질감과 입체감, 무게감은 렘브란트의 그림을 더욱 돋보이게 만듭니다.

렘브란트의 여러 그림 중 가장 많은 일화가 숨어 있는 작품은 〈야경(The Night Watch, 1642년경 작)〉이라 불리는 거대한 그림입니다. 야간에 순찰 중인 민병대의 모습을 그려낸 이 그림은 원래 이름도, 배경도 모두가 지금과 달랐습니다. 어느 날 네덜란드 암스테르담 2구역 민병대 대장인 프란스 반닝 코크와 16명의 대원이 자신들의 모습을 남기고자 렘브란트에게 그림을 의뢰하게 됩니다. 3년간 렘브란트는 이들의 모습을 가로 5m, 세로 4.5m의 거대한 그림으로 완성합니다. 당시의 렘브란트는 거장의 반열까지는 미치지 못하던 떠오르는 작가였기에, 민병대 건물에 장식하기 어려울 정도로 너무나 거대했던 그림을 민병대원들이 마음대로 칼로 잘라내기에 이릅니다. 그을음이나 분진 등 거친 환경에 노출된 그림은 세월이 흐르며 변색되었고, 밤과 같이 어두운 배경에 모여 있는 민병대원들의 모습이 담겨 '프란스 반닝 코크 대위가 지휘하는 2구역의 민병대 중대(Militia Company of District II under the Command of Captain Frans Banninck Cocq)'라는 원제목보다 〈야경(야간 순찰)〉이라는 별칭이 더 유명해졌

습니다.[5]

사실 〈야경〉은 밤을 배경으로 한 단체 초상화가 아닌, 밝은 낮의 민병대 모습을 그린 것이라고 합니다. 현재의 모습은 중앙에 자리 잡은 대위와 중위, 그리고 왼쪽 배경의 소녀에 모든 빛이 집중되어 있는 전형적인 테네브리즘 작화로 볼 수 있습니다. 민병대의 수뇌와 더불어 중대의 상징이던 수탉을 허리춤에 매달고 민병대 잔을 들고 있는 소녀의 모습은 마스코트의 느낌이 강해 의도적인 구도로 여겨졌습니다. 그런데 이 그림에 비밀이 숨어 있었습니다. 비밀이 확인된 것은 X선 형광 (X-ray fluorescence) 분석에서부터였습니다.

〈프란스 반닝 코크 대위가 지휘하는 2구역의 민병대 중대〉는 〈야경〉이라는 제목으로 더 유명하다. 실제로 더 어울리는 제목이기도 하다.

지각과 화석의 연대를 측정하기 위해 방사성 연대 측정법이 사용하는 것과 같이, 예술작품에 손상이나 파괴를 가하지 않고 정보를 얻기 위해서는 투과성이 높고 강한 에너지를 갖는 X선을 사용하곤 합니다. 원자의 구조를 다시 한번 떠올려보겠습니다. 원소별로 중앙에 자리 잡은 원자핵에 (+) 전하를 띤 양성자와 전하가 없는 중성자가 모여 있으며, 그 주위를 특정한 에너지 높이에 해당하는 궤도에 (-) 전하를 띠는 전자들이 위치해 있습니다. (+)와 (-)의 서로 다른 두 극 사이에 인력이 작용하는 현상은 전자와 양성자 사이에도 똑같이 적용됩니다. 원소의 종류에 따라 (+)의 전하량을 결정하는 양성자의 개수가 정확히 한 개씩 차이 나게 되고, 주위를 도는 전자들이 영향받는 인력도 미세하지만 일정한 수치만큼 달라집니다. 결국, 강한 에너지의 X선으로 특정한 전자를 떼어낸다면 빈 공간이 생기고, 다른 전자가 이 공간을 차지하며 형광의 형태로 빛이 발생합니다. 이는 어떠한 원소가 어디에 얼마나 위치해 있는지에 대한 중요한 정보를 우리에게 제공해줍니다.

렘브란트의 〈야경〉에서 칼슘(calcium, Ca)과 인(phosphorus, P)에 대해 X선 형광 분석을 시도한 결과, 밤하늘과 같이 어둡게만 보이던 공간에 빼곡히 그려져 있던 밑그림이 나타났습니다.[6] 필기나 스케치에 화가들이 연필이나 목탄을 사용하던 것과 같이, 렘브란트는 골탄(bone black)이라는 검은색 필기구를 사용해 스케치하곤 했습니다. 목재로 숯(목탄)을 만드는 과정과 같이 동물의 뼈를 산소가 없는 상태에서 고온으로 가열해 탄화시켜 만드는 연료 또는 필기구의 일종이 바로 골탄입니다. 그리고 뼈를 구성하는 가장 풍부한 원소가 칼슘이며 뼈를 비롯한 동물 체내에는 인이 풍부하게 존재하기 때문에 탄소를 제외한다면 골탄의 주성분은 인산 칼슘($CaPO_4$)입니다.[7] X선 형광 분석은 이후로도 르네상스-바로크 작품의 숨겨진 스케치를 찾는 데 사용되고 있습니다.

그렇다면 렘브란트는 어떠한 이유로 스케치를 검은 배경으로 덮어 감춘 것일까요? 아마 아무런 의도도 계획도 없었을 것입니다. 이는 단지 화학 반응이 일으킨 사건일 뿐이었습니다. 렘브란트가 사용하는 물감 중 가장 많이 쓰인 것은 연백(鉛白, lead white)이라고

작품 〈야경〉에 숨겨진 스케치는 X선 분석을 통한 칼슘 원자의 분포를 확인하는 방법으로 드러났다.

도 불리는 염기성 탄산연(lead hydroxycarbonate, 2PbCO$_3$·Pb(OH)$_2$)이었습니다. 백색 물감인 연백 외에도 나폴리 옐로(Naples yellow)라는 안티몬산 납(lead antimonate, Pb$_3$(SbO$_4$)$_2$), 그리고 지알로리노(Giallolino)라 불리던 레드-틴 옐로(lead-tin yellow, Pb$_2$SnO$_4$) 역시 렘브란트가 주로 사용했던 물감이었습니다.[8] 물감에는 공통적으로 납(lead, Pb)이 함유된 사실을 눈치 챌 수 있습니다. 납에 황이 달라붙으면 검은색 황화 납(PbS)이 생성되는 화학 반응이 렘브란트의 그림에 꾸준히 일어났습니다. 아마 당시 그림이 걸려 있던 민병대 숙소에 난로가 있었으며, 화석 연료를 태울 때 발생하는 황은 이산화 황 등이 기체로 날아가 그림에 달라붙었을 것입니다. 누구도 의도한 바는 아니겠지만 물감 속 납과 황의 화학 반응은 명화 〈야경〉을 완성한 마지막 손길이 되었습니다.

물감은 무엇으로 만들어지는가

포함된 납으로 인해 야경이 되어버린 민병대의 이야기는 충분히 흥미롭지만, 또 다른 궁금증이 생겨나게 됩니다. 도대체 왜 납이 물감에 사용되고 있던 것일까요? 독성 중금속이자 중독을 일으키는 대표적인 원소인 납이 물감에 사용되어야 했던 특별한 이유가 있는 것일까요?

임파스토를 통한 질감 표현은 렘브란트의 특징 중 하나였으며, 사용된 납 물감과 건조 및 고정을 위한 시카티프(Siccative, 유화 건조촉진제)는 화가의 서명과도 같이 특별한 흔적을 남깁니다. X선 회절(X-ray diffraction) 분석을 통해 렘브란트의 명작 몇 점을 분석하니 독특한 특징이 반복적으로 나타났습니다. 그는 연백으로 두껍게 밑그림을 쌓은 후, 불투명한 유색 물감으로 연백 임파스토 위에 덧칠해 질감과 색감, 입체감이 남아 있는 그림을 그리기를 좋아했습니다. 납 탄산염의 광물 형태인 백연석(cerussite, $PbCO_3$)과 염기성 형태인 수백연광(hydrocerussite, $Pb_3(CO_3)_2(OH)_2$)이 그림에서 확인되었는데 이들은 굳은 연백이 만들어낸 물질입니다. 특이한 점은, 진줏빛 광택(nacre)을 갖는 납(plumbo) 광물인 플럼보나크라이트(plumbonacrite, $Pb_5O(OH)_2(CO_3)_3$)가 관찰된 것입니다.[9] 다른 화가의 임파스토에서는 플럼보나크라이트 등이 일반적으로 보이지 않는 것을 생각할 때, 렘브란트는 자신만의 물감과 건조 기술을 가지고 있던 것으로 보입니다. 시카티프의 제조에 리사지(litharge, PbO, 산화 납)가 함유된 알칼리성 오일이 사용되어 그만의 독창적인 형태가 발현된 것으로 추측할 수 있습니다.[10]

연백과 나폴리 옐로, 크롬 옐로(chrome yellow, $PbCrO4$), 연단(minium, lead red, Pb_3O_4)과 같이 납 화합물로도 여러 색상이 만들어지지만, 다른 금속으로 이루어진 다채로운 물감들도 17세기부터 사용됐습니다. 〈진주 귀걸이를 한 소녀(Meisje met de parel)〉를 그린 요하네스 페르메이르(Johaness Vermeer, 1632-1675)는 파란색 물감의 사용에 조예가 깊습니다.[11] 이 명화 속 소녀의 머리를 감싼 터번의 푸른색은 '하늘 돌'이라는 의미의 라피스 라줄리(lapis-lazuli)라고도 불리는 청금석(靑金石, $(Na, Ca)_8(AlSiO_4)_6(S, SO_4, Cl)_{1-2}$)을 곱게 갈아 만든 물감으로 표현했습니다.[12] 풍화된 구리 광석으로 이루어진 남동석(azurite, $Cu_3(OH)_2(CO_3)_2$)이나 산화 코발트(cobalt, Co)가 함유된 푸른빛 유리를 갈아 만든 감청색 물감인 스말트(smalt, $CoO(SiO_2)n$) 역시 페르메이르가 주로 사용했던 파란 물감의 재료였습니다. 주황색 물감에는 계관석(realgar, As_4S_4)이나 웅황(orpiment, As_2S_3)과 같은 비소 계열 광물이

페르메이르의 〈진주 귀걸이를 한 소녀〉(1665년), 〈천문학자〉(1668년) 등에는 다양한 색상의 무기물 안료가 사용되었다.

안료로 사용되었습니다.

그렇다고 해서 물감에 동식물을 비롯한 유기물 기반의 안료가 사용되지 않았던 것은 아닙니다. 낭아초(*Indigofera tinctoria*)라는 콩과 식물의 잎에서 추출되는 쪽빛의 인디고 염료는 옷감을 물들이는 천연 안료로 사용돼왔으며, 페르메이르의 파란색 물감으로 사용된 적도 있습니다. 연지벌레(*Dactylopius coccus*) 암컷을 말린 후 가루를 내어얻는 진홍색 안료인 코치닐(cochineal)이라는 붉은색 물감은 르누아르 (Auguste Renoir, 1841-1919)나 고갱(Paul Gauguin, 1848-1903)이 자주 사용하던 유기 안료였습니다.[13]

그런데 이들이 남긴 명화로부터 유기물 원재료 물감의 대표적인 단점이 나타납니다. 르누아르의 〈마담 레옹 클라피송(Madame

르누아르의 〈마담 레옹 클라피송〉(1883년)과 고갱의 〈아이들과 함께 있는 폴리네시아 여인〉(1901년)에는 다양한 유기물 기반 물감이 사용되었다.

Leon Clapisson)〉이나 고갱의 〈아이들과 함께 있는 폴리네시아 여성 (Polynesian Woman with Children)〉에는 색이 바래거나 변질된 붉은색이 칠해져 있다는 사실이 X선 분석에서 드러난 것입니다. 유기물은 자외선과 같은 강한 에너지의 빛으로 화학구조가 깨지며 색이 사라지게 되는 광-탈색(photo-bleaching) 현상이 일어나기 쉽습니다. 보관 과정에서 직사광선 등에 노출됨에 따라 그림이 쉽게 손상되는 것입니다. 반면, 그물처럼 단단한 결정 형태로 구성된 광물로는 빛에 바래지 않는 선명한 색상의 물감을 만들 수 있습니다.

예술과 금속 화합물

현재 사용되는 많은 종류의 물감들은 금속 화합물이 색상을 만들어내는 경우가 많습니다. 같은 노란색 계열이라 한정해도 코발트 기반의 오레올린(aureolin, $K_3(Co(NO_2)_6)$), 카드뮴 기반의 카드뮴 옐로(cadmium yellow, CdS), 철 기반의 옐로 오커(yellow ochre, $Fe_2O_3 \cdot H_2O$), 크로뮴이 사용된 크로뮴 옐로(chromium yellow, $PbCrO_4$), 타이타늄 기반의 타이타늄 옐로(titanium yellow, $NiO \cdot Sb_2O_3 \cdot 20TiO_2$), 그리고 주석이 핵심인 모자이크 골드(mosaic gold, SnS_2)를 비롯해 수많은 안료가 존재합니다. 그 개수는 노란색만을 고려해도 철백반석(jarosite)이나 레드-틴 옐로 등 과거부터 사용되던 13종의 미분류 안료, 사프란 꽃 암술에서 얻어지는 사프론(saffron)이나 갈매나무(buckthorn)에서 추출되는 스틸데그레인(Stil-de-Grain)을 포함한 24개의 자연 안료, 그리고 유기 및 무기 화합물로 합성된 227개의 합성 안료까지 약 250종에 달합니다.[14]

금속 화합물 안료가 사용되면서 물감마다 다양한 금속 원소가 포함되었으며, X선 비파괴 검사를 통해 명화에 남아 있는 물감의 흔적을 찾아낼 수 있게 됐습니다. 렘브란트의 그림을 하나 더 살펴보면 X선 검사의 중요성을 알아차릴 수 있습니다. 1665년 작 〈유대인 신부(The Jewish Bride)〉에서는 다양한 금속 원소가 분포한 영역이 명확하게 구분됩니다.[15] 골탄 스케치의 구체적인 형태는 칼슘 신호로 선명하게 확인됩니다. 그의 임파스토의 핵심이던 납은 그림 속

아이작과 레베카 부부의 얼굴과 옷에서 섬세하게 드러나며, 어두운 갈색 배경에서는 당시 황색 계열 물감에 흔히 사용되던 철과 코발트가 빼곡히 칠해져 있습니다. 레베카의 붉은 치마에서는 가장 오래된 붉은색 안료였던 진사(cinnabar, HgS)의 사용으로 수은 신호가 강렬하게 드러납니다. 예상할 수 없었던 사실은 계관석이나 웅황을 이용한 주황색 물감이 옷소매와 치마 부분에 사용되었다는 부분입니다.

이처럼 단순히 그림에 표현된 색상과 모습만으로는 알 수 없는 정보가 화학원소 분석에서 드러납니다. 렘브란트의 1630년 작 〈군복 차림의 노인(An Old Man in Millitary Costume)〉에도 노인의 얼굴 아래 뒤집혀 그려진 젊은 남성의 얼굴이 가려져 있었음이 X선 분석을 통해 밝혀졌습니다.[16] 그리는 도중 실수를 했을 수도, 혹은 특별한 의도를 위해서 비밀 그림을 덧칠해 감추었을 수도 있습니다. 하지만 당시 고가품이었던 캔버스를 재사용하기 위해 한 겹 덮고 위에 그림을 그렸을 가능성이 적지 않습니다.

물감 색을 결정하는 것들

시각을 통해 물체를 인식하는 것은 모두 빛에 의해 이루어집니다. 태양광이나 실내조명에서 쏟아져 내려오는 백색의 빛은 맨눈으로 볼 수 있는 가시광선 모두가 뒤섞여 만들어지는 색입니다. 백색광이 물체에 부딪히고 튕겨 나오거나(반사) 휘어진(굴절) 빛이 우리 눈으로 들어온다면, 그리고 눈에 분포된 약 9600만 개의 시각 세포에 인식되어 신호가 뇌로 전달된다면 비로소 물체를 보게 되는 것입니다. 물체의 형태와 더불어 색이 눈에 들어오지만, 색이란 어떤 의미를 갖는가에 대해서는 간과하는 경우가 많습니다.

물체의 색은 그 물체가 받아들이는 색이 아닌, 튕겨내는 색에 해당합니다. 흔히 색상 대비를 이루는 한 쌍의 색을 의미하는 보색(complementary color)의 개념을 떠올려보겠습니다. 보색은 섞었을 때 흰색 또는 검은색의 무채색을 만들게 됩니다. 빨간색(RGB: 255, 0, 0)의 보색은 청록색의 일종인 일렉트릭 사이안(RGB: 0, 255, 255)이며 이

둘을 혼합하면 백색(RGB: 255, 255, 255)이 됩니다. 우리 눈에 빨갛게 보이는 사과가 있다면, 사과는 백색광에 닿는 순간 청록색 빛을 흡수하고 빨간색 빛은 반사하기 때문에 빨간색으로 보이는 것입니다.

물감의 경우에도 원리는 같습니다. 물감마다 흡수하는 특유의 빛 파장(wavelength)이 있을 것이고, 흡수되지 못해 반사된 보색의 빛은 우리에게 색채로 인식됩니다. 가시광선의 반사와 직진을 통한 기본적인 물리적 규칙이 형태와 색을 보이게 만든다면, 물감마다 다른 색상은 구성하는 화학물질의 특징에 따라 결정됩니다. 공액계(conjugated system)와 결정장 이론(crystal field theory)이라는 화학 이론으로 물감 색의 모든 것이 설명됩니다. 공액계는 동식물에게서 추출되는 천연 안료나 석유를 원료로 만들어지는 합성 안료의 색상 원리와 관계가 있습니다. 이들 모두는 탄소 원자들의 연결로 만들어지는 유기 화합물이라는 공통점을 갖습니다.

탄소들끼리는 작게는 하나의 화학 결합(단일 결합)부터 많게는 세 개의 결합(삼중 결합)까지 만들 수 있습니다. 탄소의 화학 결합은 원자들이 전자를 함께 공유하며 이루어지므로 당연히 결합의 개수가 많아질수록 더 많은 전자가 포함되어 있다고 볼 수 있죠. 단순히 전자의 개수가 늘어나는 것 외에도 결합의 길이나 유연성 등도 달라집니다. 쉽게 생각해 두 물체를 용수철로 연결하는 경우 하나의 용수철보다는 두 개 혹은 세 개를 병렬로 추가해 연결한다면 더욱 단단히 고정되며 비틀어 회전시키거나 꺾는 작용은 불가능해지는 것과 같습니다.

공액계는 탄소 사이의 이중 혹은 삼중의 다중 결합들이 단일 결합을 매개체로 반복적으로 나타나는 구조를 의미합니다. '이중-단일-이중-단일-삼중' 등과 같은 배치이며 두 개 이상의 다중 결합이 존재하는 최소 기준을 제외한다면 상한 없이 얼마든지 연결되어 늘어날 수 있습니다. 공액계로 연결된 탄소들은 모두 연동되어 분자 오비탈(orbital)을 함께 구성합니다. 연결된 탄소의 개수가 늘어날수록 더 많은 분자 오비탈의 에너지 준위가 생겨납니다. 물체가 빛을 흡수하는 현상은 채워져 있던 낮은 에너지 준위로부터 비어 있는 더 높은 에너지 준위로 전자가 이동하는(들뜨는) 과정으로부터 발생합니다. 전자의 이동을 위한 에너지 차이만큼에 해당하는 빛이 흡수되어 전자를 들뜨게 만드는 데 소모되는 것입니다.

공액계의 길이가 길어질수록 준위 사이 간격은 더욱 좁아지고 적은 에너지만으로도 전자를 들뜨게 할 수 있습니다. 에너지는 빛의 파장과 반비례 관계가 성립하기 때문에, 가시광선만을 고려해 본다면 적은 에너지는 긴 파장의 빛인 빨간색에 해당합니다. 반대로, 공액계의 길이가 짧아진다면 큰 에너지에 해당하는 짧은 파장, 곧 보라색 빛을 흡수합니다. 유기물로 이루어진 안료들은 사슬 형태 또는 고리 형태의 공액계 골격과 더불어, 연결되는 다양한 원소들로부터 색상이 조절됩니다. 좋은 예시는 익숙한 물질들에서 찾을 수 있습니다. 다섯 개의 공액계가 포함된 레티놀(retinol, 비타민A)은 노란색이며, 이보다 더 긴 11개의 공액계로 이루어진 베타카로틴(β-carotene, 당근 색소)은 주황색을 갖습니다. 같은 11개의 공액계라도 연결된 형태가 다른 리코펜(lycopene, 토마토 색소)은 붉은색이 됩니다. 카본 블랙(carbon black)이나 골탄, 목탄, 숯 등의 안료들은 탄소 공액계가 하나의 물질을 넘어 매우 다양하고 복잡하게 뒤섞여 있어 모든 파장의 빛을 흡수하기에 검은색을 만들게 됩니다.

결정장 이론은 공액계로 설명될 수 없는, 광물로부터 유래하거나 합성된 금속 화합물의 색상을 설명합니다. 결정장 이론은 기본적인 빛과 에너지에 관련된 원리는 공액계와 동일하지만, 공액계와 같이 길이와 참여 원자 개수를 통해 에너지 간격이 조절되기보다는 금속 화합물의 구조와 조성으로부터 모든 것이 결정됩니다. 앞서 살펴본 물감들에는 납이나 구리, 코발트 등 여러 금속이 사용되었습니다. 이들은 모두 중금속이라 불리는 높은 원자번호와 무게를 갖는 금속 원소들이며, 주기율표에서는 중앙 블록에 위치한 전이금속(transition metal)으로 구분됩니다. 원소 자체가 작고 간단해서 사용될 수 있는 오비탈이 적어 공액계를 형성해야만 다양성이 발생하던 탄소와는 달리, 중금속 원소들은 오비탈의 종류와 보유 전자 개수가 풍부해 이들의 재배치만으로도 에너지 준위들이 다양하게 생겨납니다. 단지 재배치가 일어날 수 있도록 금속 원자 또는 이온에 결합하는 작은 유·무기 분자인 리간드(ligand)가 추가로 필요할 뿐입니다. 앞에서 잠시 언급했던 코발트 기반의 황색 안료 오레올린을 통해 살펴보겠습니다. 이 경우 3가 코발트(Co^{3+})가 중심 금속 이온이며 주위에 여섯 개의 나이트로(nitro, NO_2) 리간드가 전자를 제공하며 결합해 화합물을 형성합니다. 코발트의 에너지 준위는 주위에서 결합을 이루기 위해 접근하는 리간드들의 전자와 상호작용하며 일부는 높아지고 일부는 낮아지는 등 변동이 발생합니다.

같은 종류의 금속이더라도 리간드의 종류와 개수에 따라 에너지 준위 간격과 형태가 변합니다. 3가 코발트 이온이 여섯 개의 암민 리간드(NH_3)와 결합한 경우는 $[Co(NH_3)_6]^{3+}$로, 475nm 부근의 푸른빛을 흡수해 주황색으로 보입니다. 여섯 개의 사이안 리간드(CN^-)와 결합하면 $[Co(CN)_6]^{3-}$로 나타낼 수 있고 자외선을 흡수하는 연노랑색 물질이 됩니다. 만약, 다섯 개의 암민 그리고 하나의 아쿠아 리간드(H_2O)와 화합물을 형성한다면 $[Co(NH_3)_5(H_2O)]^{3+}$로, 500nm의 청록색을 흡수해 빨간색 물질로 인식됩니다. 또 다섯 개의 암민과 한 개의 클로로 리간드(Cl^-)와 결합하면 $[Co(NH_3)_5Cl]^{2+}$로, 노란색 빛을 흡수해 우리 눈에는 보라색 안료가 됩니다.[17]

여기서 끝이 아닙니다. 같은 종류의 금속도 산화수에 따라 색상이 또 바뀝니다. 원자는 (+)와 (−)전하를 띠는 양성자와 전자의 개수가 같은 중성(neutral) 상태를 의미합니다. 원자 중앙에 틀어박힌 양성자는 화학 반응으로 떨어지거나 추가될 수 없지만, 외곽을 돌고 있는 전자는 비교적 쉽게 조절됩니다. 금속의 경우 전자를 얻기보다 잃어버리기 쉬워서(산화) 양성자의 개수가 전자의 개수보다 더 많아 전체적으로 (+)의 전하를 띠는 양이온을 형성하곤 합니다. 곧, 금속에 포함된 전자의 개수가 줄어들었다는 사실이며, 빛을 받아 들뜨기 위한 전자가 원자 상태와는 달라졌다는 의미로 연결됩니다. 바나듐(vanadium, V) 금속이 아쿠아 리간드와 결합한 같은 화합물이라도, 2가 바나듐(V^{2+})은 보라색, 3가 바나듐(V^{3+})은 녹색, 4가 바나듐(V^{4+})은 하늘색, 그리고 5가 바나듐(V^{5+})은 노란색으로 보입니다.

특수한 빛을 흡수해서 색을 나타낸다는 것

두 종류 이상의 물감을 섞어 새로운 색을 만들어 써본 경험은 많은 분들이 해보셨을 것입니다. 색이 섞인다는 것은 물감에서 색상을 만들어내는 유기물 혹은 무기물이 화학 반응을 일으켜 완전히 새로운 무언가가 탄생한다기보다는, 각자 흡수하는 빛의 영역이 다른 물질들이 함께 뒤섞이는 현상에 해당합니다. 유기 안료와 무기 안료가 색상을 나타내는 원리를 이해했다면, 이들의 탈색이나 변색도 더 정확히 이해할 수 있습니다.

유기 안료들의 경우 자외선 등 강한 빛에 노출되면 공액계가 끊어져 분자 구조가 깨집니다. 공액계의 길이와 형태에 따라 흡수하는 빛의 파장이 변화하기 때문에 한 곳이라도 끊어진다면 처음과 같이 빛을 흡수할 수 없게 됩니다. 계속된 노출은 더욱 작게 분자 구조를 깨뜨리며 오랜 시간이 지난다면 어떠한 가시광선도 흡수할 수 없게 돼 하얗게 빛이 바랩니다. 반대로, 무기 안료는 빛을 받아도 깨질 부분이 없어 높은 안정성을 갖습니다. 하지만 금속에 결합한 리간드의 종류와 개수에 따라 색상이 달라졌음을 고려한다면, 원래 결합한 리간드보다 더 강하게 달라붙는 화학물질에 노출되면 빠르게 변색이 발생합니다. 렘브란트의 〈야경〉의 경우, 황화 수소나 이산화 황 등의 물질에 안료 색상의 핵심인 납이 노출되며 안료의 특성이 변화했던 이유도 여기에 있습니다.

문명이 시작된 이후로 안료나 염료는 미적인 욕구를 충족시키는 데 꾸준히 사용되었습니다. 더욱 선명하고 다양한 색상을 만들어내고 안정하게 오랫동안 색감을 즐길 수 있도록 천연물과 합성물을 가리지 않고 수많은 종류가 개발되었습니다. 현대 사회에서는 안료나 염료가 단순히 미학적 목적으로 사용되는 단계를 넘어섰습니다. '어째서 색을 갖는가'라는 질문에 답이 만들어졌기 때문입니다.

특정한 빛을 흡수해서 색을 보인다는 사실은, 특정한 파장의 빛만을 선택적으로 흡수하거나, 흡수된 빛의 에너지를 다른 방식으로 사용할 수 있다는 가능성을 의미합니다. 염료감응태양전지(dye-sensitized solar cell)라는, 염료를 쓴 친환경적 발전 방식을 통해서는 태양광에서 사용되지 못하고 버려지던 빛을 전기 에너지로 바꾸고 있습니다. 광감각제(photosensitizer)는 특정한 빛을 흡수해 들뜬 전자로 높은 반응성의 화학물질인 라디칼(radical)을 만드는 데 쓰입니다. 원하는 부위에서만 빛으로 만들 수 있어 수술이 어려운 체내 종양이나 질환을 치료하는 데 사용될 수 있습니다. 프러시안 블루 등의 안료는 생체 효소의 기능을 보이기도 하고, 자석에 끌리는 나노물질을 만들거나, 빛 에너지로 열을 발생시키는 등 첨단 기술 분야에도 적용되고 있습니다. 모든 길은 하나로 통한다는 말마따나 발달한 과학은 어느새 예술과도 같은 영역에 들어서고 있는 것처럼 보입니다.

수만 년의 나이를 측정한다는 것

방사성 연대 측정으로 물체나 암석, 화석과 지각의 아득한 나이를 헤아릴 수 있는 것은 불안정한 동위원소가 안정한 종류로 붕괴하는 시간이 매우 특이한 형태를 가지기 때문에 가능했습니다. 만약 동위원소가 일정한 속도로 방사성 붕괴를 진행한다면 흘러간 시간을 예상하기는 간단할 것입니다. 1년에 몇 개씩의 원자가 붕괴한다거나, 10만 년마다 남은 양이 줄어든다거나 하는 식으로 말입니다. 하지만 이처럼 시간과 동위원소의 감소량이 직선으로 그려지는 선형 관계에서는 충분히 오랜 시간이 흐르면 모든 동위원소가 붕괴해 더 이상 아무 정보도 얻지 못하게 됩니다.

단서는 바로 붕괴할 동위원소의 개수가 많으면 붕괴 속도도 빨라지고, 반대로 개수가 적다면 붕괴 속도가 느려진다는 데 있습니다. 화학 반응들은 물질의 양(농도)에 전혀 관계없이 이루어지기도 하며(0차 반응), 농도에, 또는 농도의 제곱이나 세제곱에 의존하기도 합니다. 방사성 붕괴는 농도에 직접 관계되는 1차 반응으로 구분되며, 동위원소의 양이 절반이 되는 데 걸리는 시간이 언제나 같다는 특징이 있습니다. 이를 반감기(half-life)라 부릅니다.

방사성 탄소 연대 측정을 기준으로 생각한다면 탄소-14의 양이 처음의 절반으로 줄어드는 데는 약 5730년이 소요됩니다. 예를 들어, 1000개의 탄소-14 원자가 있었다면 5730년 후에는 500개가 남게 됩니다. 또다시 5730년이 흐른다면 250개의 탄소-14 원자가, 이로부터 5730년 후에는 125개의 원자가 남습니다. 붕괴로 사라지는 양이 점차 느려져 오랜 시간을 측정할 수 있죠. 탄소-14를 이용하면 약 7만 5000년까지의 연대를 신뢰성 있게 측정할 수 있습니다.

우리에게는 수많은 원소가 주어졌고, 이들의 동위원소를 생각한다면 분명 더 먼 과거를 위해 사용하기 적절한 종류도 있을 것입니다. 가장 오래되고 유용한 방법은 우라늄(U)-납(Pb) 연대 측정입니다. 우라늄이 납으로 방사성 붕괴하는 반응을 사용한 것인데, 반감기가 44.6억 년에 달합니다. 이 외에도 12.5억 년의 반감기를 갖는 포타슘(K)-40이 아르곤(Ar)-40으로 붕괴하는 반응도 흔히 사용됩니다.

방사성 연대 측정은 아득히 먼 과거의 순간을 측정하는 기적적인 기술로 보일 수도 있습니다. 하지만, 긴 세월 동안 양이나 반응 속도에 영향을 주는 외부 요인이 없었을지, 그리고 처음 양을 정확히 알 수 있는지의 문제가 남아 있기도 합니다.

화약은 어떻게
세계의 패러다임을
전환한 것일까?

콘스탄티노플 공성전에서
현대까지

콘스탄티노플 성벽을 무너뜨린 대포

비잔티움, 곧 콘스탄티노플이 밀려드는 이슬람의 세력과 끝없는 이
민족의 침입을 오랫동안 버텨낼 수 있었던 데에는 두터운 삼중 성
벽의 역할이 컸습니다. 비잔틴 제국은 유스티니아누스 대제 전후
의 군제 개혁을 거쳐 테마(Thema, 둔전병)의 세분화와 중장기병 편성
의 타그마(Tagma, 상비군)를 바탕으로 한 지상군, 그리고 그리스의 불
을 선미에 장착한 갤리형 군함 드로몬(Dromon) 함대로 구성된 해군
을 통해 이슬람 팽창기에도 수도 콘스탄티노플을 지켜냈습니다. 하
지만 영원할 것 같던 비잔틴 제국의 성벽은 1453년 5월 29일 무너
지게 됩니다. 단순한 제국의 멸망이 아닌, 그리스-로마 문명과 신
화의 종말, 그리고 전 유럽의 외세에 대한 항쟁의 시대가 시작된 것
입니다.

콘스탄티노플 성벽을 무너뜨린 것은 현재의 루마니아 지방에 해
당하는 헝가리 왕국령 트랜실바니아의 주물(鑄物) 기술자였던 우르

반이 탄생시킨 우르반 거포였습니다. 우르반의 행보는 극적이었습니다. 콘스탄티노플이 무너지기 1년 전인 1452년, 우르반은 비잔틴제국 황제 콘스탄티노스 11세를 찾아가 거포 기술 제공을 제안합니다. 콘스탄티노스 황제는 매우 큰 관심을 보이고 적극 지원하려 하지만, 너무나도 거대한 제작 비용과 동로마제국 재정 문제로 실현되지 못합니다. 이윽고 우르반은 자신의 꿈을 위해 콘스탄티노플 공격을 준비 중이던 오스만 제국의 술탄 메흐메드 2세를 찾아갔고, 오스만의 지원으로 마침내 거포를 완성합니다.[1]

우리는 대포라는 단어를 보면 금속으로 만들어진 포환이 날아가 착탄지에서 거대한 폭발을 일으키는 장면을 떠올리곤 합니다. 무거운 포환이 장거리를 날아가도록 만드는 힘은 화약의 급격한 연소(폭발)에 의한 것이기 때문에 대포는 화포(火砲, cannon)에 속합니다. 과거에는 모든 종류의 화포를 대포라는 단어로 표현했기 때문에 우리는 화포보다는 대포라는 단어에 조금은 더 친숙합니다. 뒤에서 다시 이야기하겠지만, 시간이 흐르며 전쟁의 형태가 성을 공격하는

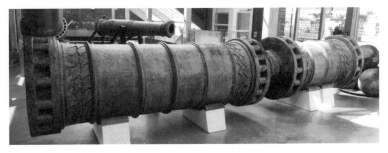

270kg의 돌 포환을 날려보내 콘스탄티노플의 성벽을 무너뜨린 우르반 대포.

것보다는 평야에서 격전을 벌이는 것으로 변화했기 때문에, 이를 위해 옮기기 쉽고 비교적 가벼운 화포를 개발하는 방향으로 관심이 이동하게 되었습니다. 현재는 포환이 발사되는 통로의 지름을 뜻하는 구경(口徑) 20mm 이하를 총, 그 이상을 화포로 구분합니다. 우르반이 탄생시켰던 화포는 무려 30인치(약 76cm) 구경이었기에 거대한 화포라는 의미에서 거포로 구분되었습니다.

성벽을 뚫기 위해 필요한 것들

거포를 제작할 정도로 주물 기술이 발전했다 해도, 그 안에서 폭발하는 엄청난 양의 화약의 힘과 거대한 포환이 날아가는 반작용을 견뎌낼 수 있는 합금의 제작은 쉬운 일이 아니었습니다. 쉽지 않다기보다는 정말로 어려운 과정이었고, 약 20cm에 달하는 우르반 거포의 금속 두께를 위해서는 엄청난 양의 금속이 사용되었습니다. 거포 제작에도 많은 양의 합금이 소모되기 때문에, 발사를 통해 파손, 변형, 혹은 분실될 것이 뻔한 포환의 제작마저 합금으로 하는 것은 비현실적이라는 의견이 많았습니다. 이 때문에 우르반 거포를 비롯한 초기 공성포 및 함포의 포환은 암석을 깎아 만들어진 사석포(射石砲)였습니다. 화약의 연소에서 발생하는 화학에너지를 무거운 포환을 날리는 데 사용하는 물리적 공격을 행할 때에는 포환이 금속인지 암석인지의 여부는 전혀 중요하지 않았습니다. 그도 그럴 것이 우르반 거포는 포신의 길이가 8.2m나 되었으며(중형 버스 한 대의 길이) 무려 270kg의 포환을 1.6km까지 날려 보내 공격할 수 있었기 때문입니다. 그러나 제작을 완료한 후에 본격적인 운용은 쉽지 않았습니다. 우르반 거포는 콘스탄티노플에 배치되기 위해 한 대당 약 200명의 인원과 60마리의 소가 달라붙어야 했으며 약 225km의 거리를 주파하는 데 6주의 시간이 소요되었습니다. 마침내 첫 포격은 1453년 4월 12일 이루어집니다. 바실리카(Basilica)라고도 불리던 우르반 거포는 단 한 번의 포격으로 엄청난 효과를 거둡니다. 성벽의 파손이나 구르는 포환에 의한 성내 인명 및 재산 피해는 부차적인 문제에 불과했습니다. 어디서나 들릴 정도의 거대한 굉음과 땅 위 모든 것이 흔들리는 듯한 진동, 그리고 절대 공략 불가라 여겨지던 성벽의 갈라진 모습은 일단 수비군의 사기를 급격히 저하시켰습니다.

성벽 파괴용 공성 거포의 첫 실전 배치였기에 운용의 어려움 역시 컸습니다. 재장전을 위해서는 무려 세 시간이라는 시간이 소요되어 현실적으로 하루 일곱 번 이상의 발사는 불가능했습니다. 비가 오는 날은 화약이 젖어 포격할 수 없었고, 너무나 거대해 정확한 목표에 조준하는 것도 쉽지 않아 뜻대로 성벽을 손쉽게 파괴할 수는 없었습니다. 바실리카, 그리고 이보다 작은 공성포를 사용해 오스만 군은 하루 총 120발의 포격을 6일간 쉬지 않고 쏟아부었습니다. 우르반 거포의 일화가 과장되어 단 한 번의 포격으로 콘스탄티노플 성벽이 무너지고 비잔틴 제국이 멸망한 것으로 생각하는 이들도 있지만, 그보다는 성벽을 약화시키고 균열을 만드는 용도로 거포가 사용되었으며, 전쟁의 종결은 오스만 기병대의 돌격과 성 점령을 통해 이루어졌습니다.

공성 거포의 발명과 사용은 이후 전쟁의 양상을 극적으로 바꾸게 됩니다. 튼튼한 성을 몇 겹으로 쌓아 올려 방어가 가능했던 중세 전략과 기술은 이제 완전히 쓸모없는 과거의 것이 되어버렸습니다. 거포의 발명으로 인해 공성전은 더 이상 효율적인 전투 방법이 아니게 되었으며, 성벽과 집, 건축물의 파손을 막기 위해서라도 오히려 야전(field battle)이 주를 이루게 됩니다. 그리고 교전 방식의 변화는 다시 한번 화포의 진화로 이어지게 되었습니다.

― 거포의 시대에서 소형화기의 시대로 ―

야전이 시작되면서 넓은 전장에서 상황에 맞게 사용하고, 보다 빠르고 정확하게 적을 공격하기 위해 이제는 화포의 기동성이 강조되기 시작합니다. 거포를 비롯한 견인포 형식의 설치형 화포로부터 개인이 들어 옮기고, 심지어 두 손에 든 채로 발사할 수 있는 소형화기의 시대로 넘어가게 됩니다. 핸드 캐논(hand cannon)이라 불렸던 개인용 화포는 총과 유사한 형태와 크기였으나 구경이 크고 포신의 길이가 짧아 화포로 구분됩니다.[2] 이후, 심지에 불을 붙여 격발하는 화승총(matchlock)이 도입되며 전장에서 화승총 보병이 편제되지만, 재장전에 오랜 시간이 걸리고 효율성이 떨어져 기병을 보조하는 수준으로만 사용됩니다.

총병이 단순히 전투의 보조 역할을 하는 것은 1515년 프랑스와 스위스 연방 간에 벌어졌던 마리냐노 전투(Battaglia di Marignano)까지였습니다. 마리냐노 전투에서 프랑스는 구 스위스 연방에 대해 대승을 거두게 됩니다. 그 과정은 프랑스군의 대포 포격을 통한 야전에서의 효과적인 공격, 그리고 마갑 중창기병대인 장다름(Gendarme)의 절대적인 돌격의 위력에 의한 것이었으며, 결과적으로 구 스위스 연방은 주위 국가에 대한 침략을 영원히 포기하며 현재의 중립국의 위치가 만들어졌습니다.[3]

야전 전술은 1525년 프랑스와 신성로마제국 간에 이탈리아 파비아 성에서 발발한 파비아 전투(Battle of Pavia)에서부터 완전히 달라집니다. 마리냐노 전투 이후 스위스 연방은 중립 노선을 선택했

화승총병은 장다름의 보조 역할로 마리냐노 전투를 승리로 이끌었다.

지만, 스위스 용병은 여전히 의뢰를 통해 전장에서 활약했습니다. 당시 국왕 프랑수아 1세가 이끄는 프랑스 중기병대와 스위스 용병대는 파비아 성을 포위한 채 카를 5세가 파병한 신성로마제국군과의 전투에 돌입합니다. 전 유럽에서 가장 유명했으며 중세 최강으로 꼽히는 두 보병대였던 스위스 용병대, 그리고 란츠크네히트(Landsknecht)의 정면승부였기에 팽팽한 전투가 예상되었지만, 전투의 결말은 의외로 일방적으로 흘러갔습니다.

1500명의 스페인 아르케부스(Arquebus)와 란츠크네히트의 순차 일제사격은 단 500여 명의 사상자를 냈고 프랑스군에는 1만 5000명의 사상자를 안겨 압도적인 승리로 마무리됩니다.[4] 파비아 전투의 의의는 역사적으로 매우 거대합니다. 야전에서 화승총병 전술이 확립되고 기존의 포병과 기병 위주, 그리고 보조적인 총병 활용의 중세 전술이 쇠퇴하게 됩니다. 이는 기사 계급의 몰락으로 이어지며, 화약과 총, 화포를 제작하고 관리할 수 있는 중앙 집권 방식의 절대왕정이 봉건제를 대신해 이후의 유럽을 지배하게 됩니다. 이 모든 변화의 중심은 결국 총이나 화포를 발사하는 데 필요했던 화약이었습니다.

화약은 언제 어떻게 만들어졌을까?

화약(火藥)은 그 명칭, 그리고 폭발하는 굉음과 불꽃으로 인해 강렬한 에너지를 주위로 방출하는 물질로 인식됩니다. 화포의 포탄이나 총의 탄환을 발사시키는 추진체로 사용되기 때문에 폭발에서 발생하는 열과 빛 등의 에너지가 중요한 작용을 하는 것이라 오해받기 쉽습니다. 하지만 조금만 생각해봐도, 강렬한 폭발이 수차례 반복적으로 일어남에도 손상 없이 버텨내는 약실과 총신의 내구도는 단순히 화염을 동반한 폭발이 핵심이 아니라는 사실을 깨닫게 됩니다. 화학의 발전 과정에서 거대한 변화의 순간으로 작용했던 대상인 공기, 곧 기체의 힘이 우리가 화학적 에너지를 물리적인 운동으로 전환하는 연결고리입니다.[5]

화약을 발명한 최초의 인물에 대해서는 불확실한 부분이 많습니다. 그러나 동서양을 막론하고 흑색 화약(black powder)이라 불리는 가장 기본적이고 전통적인 화약은 모두 구성 비율에만 약간의 차이가 있을 뿐 같은 화학물질로 이루어졌습니다. 그 물질은 초석(질산 포타슘, KNO_3)과 황, 그리고 목탄(숯)입니다.

재료의 종류가 생각보다 간단하기 때문에 화약의 발명 또한 예상보다 먼 과거로 거슬러 올라갑니다. 7세기경 당(唐)나라 시대에 화약이 발명되었다는 설이 지배적인데, 불타는 물질을 찾으려는 거창한 목적이 있었다기보다는 의약품을 개발하는 과정에서 우연히 발명된 것으로 추정됩니다. 황과 숯은 당시에도 의약품으로 사용되고 있었으며, 질산 포타슘이나 질산 소듐($NaNO_3$)이 혼합된 염초(초석의 다른 명칭) 역시 흔히 사용되던 재료였습니다. 진시황 시절부터 불로장생의 약인 금단(金丹)을 찾고자 도교의 도사들은 음양오행을 바탕으로 여러 실험을 시도했습니다. 화약의 첫 발명 역시 연단술 과정에서 이루어진 예상치 못했던 결과라고 볼 수 있습니다. 3세기경 활동했던 도사이자 신선으로도 추앙받는 정사원(鄭思遠)이 34가지 비약의 제조법에 대해 후에 정리한 것으로 여겨지는 《진원묘도요략》에는 '어떤 사람이, 유황과 계관석(황화 비소(As_4S_4) 광물), 초석, 그리고 꿀을 섞고 가열했더니, 연기와 불길이 일어나 손과 집을 태웠다'라는 화약에 대한 첫 문헌이 9세기 사료로 남아 있습니다.[6] 화약의 잠재력을 바탕으로 북송(北宋) 왕조에서 1044년 편찬한 《무경총요》에는 화약의 배합법과 함께 최초의 로켓 무기 중 하나였던 비화창(飛火槍)의 도해가 포함되어 있기도 합니다. 이후 화약의 제조와 사용은 몽골에 전파되며, 점차 유럽으로 확산되어 화포와 거포, 총기 개발에 이용됩니다.

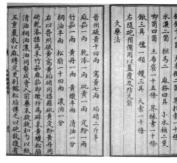

흑색 화약(좌), 그리고 배합법이 기록된 《무경총요》(우)

불이 붙고 굉음이 나기까지

화약을 구성하는 세 요소는 구체적으로 어떤 작용을 하는 것일까
요? 그리고 화약은 어떻게 전쟁과 산업을 비롯한 세계의 패러다임
을 전환한 것일까요? 이 모든 문제의 답은 화학 반응을 통해 간단
히 이해할 수 있습니다. 황은 처음 불을 댕기는 점화제이자 연소를
빠르게 확산시키는 역할을 합니다. 원소로서의 황은 일반적인 광물
이나 금속에 비해서 매우 낮은 온도인 190℃에서 점화됩니다. 산소
와 닿기 쉽고 점화하기 편하도록 고운 가루 형태로 만들어진 황은
더 낮은 168℃ 내외의 인화점을 가져 연소를 시작하기에 아주 유용
합니다. 고체 황이 기체로 상전이하는 온도도 444℃에 불과해, 점
화되어 온도가 높아지면 황이 기체가 되어 빠르게 화약 속으로 퍼
져나가고 순식간에 모든 곳에서 불이 붙게 됩니다.[7]

흑색 화약에 사용되는 탄소 물질은 목재로 만들어진 숯이 사용되며, 본격적으로 불타는 물질의 역할을 합니다. 연료로 사용되는 참나무 숯보다는 산딸나무(*Rhamnus frangula*), 버드나무(*Salix alba*), 또는 오리나무(*Betula alnus*)로 만든 숯이 가루내어 분말 형태로 사용하기 적합해 화약에 주로 사용됩니다.[8] 석탄이나 코크스에 비해 목탄이 주로 사용되는 것은 석탄에 비해 가루내기 쉽다는 성질과도 관계 있습니다. 숯은 산소가 없는 환경에서 목재를 가열해 산화 반응이 일어나는 대신, 탄소 이외의 수분, 유기질 등을 기화시켜 제거하는 방식으로 얻어집니다. 연소에 방해되는 물질이 모두 제거되어 연료 형태의 탄소만 남게 되는데, 기화되어 날아간 물질들이 차지하고 있던 공간은 수십 나노 혹은 마이크로미터 크기의 아주 작은 구멍으로 남아 있게 됩니다. 황과 숯, 질산 포타슘을 뒤섞는 과정에서 숯 표면과 내부에 존재하는 수많은 작은 구멍에 원료들이 채워지게 되며 더욱 빠른 폭발을 일으킵니다. 숯에 남아 있는 약간의 휘발성 유기질과 곱게 갈린 황 가루는 점화를 통해 기화되어 사방으로 뻗어 나가며 급격한 폭발을 일으킵니다.

한편 질산 포타슘은 산화제로써 산소를 공급하는 역할과 연소를 통해 다량의 기체를 발생하는 역할을 합니다. 질산 포타슘은 550℃ 이상에서 열에 의해 분해되어 아질산 포타슘(KNO_2)으로 변화하며 산소를 방출합니다.[9]

$$2KNO_3 \text{ (s)} \rightarrow 2KNO_2 \text{ (s)} + O_2 \text{ (g)}$$

방출된 산소는 연소를 가속하며 온도를 끌어올리는데, 생성된 아질산 포타슘은 790℃를 넘는 순간 한 차례 더 분해되어 안정한 산화 포타슘(K_2O)으로 변화하며 질소와 산소 기체를 생성합니다.

$$4KNO_2 \text{ (s)} \rightarrow 2K_2O \text{ (s)} + 2N_2 \text{ (g)} + 4O_2 \text{ (g)}$$

물질의 연소를 위해서는 산소의 공급이 필수적입니다. 하지만 장전된 포환이나 탄환의 경우에는 밀폐된 환경에서 화학 반응이 시작되기 때문에 연소를 시작하기 위한 산소가 존재하더라도 제대로 된 연소가 이어질 수 없습니다. 결국, 한정된 공간 내에서 빠르게 다량의 산소를 만들어내는 것이 가장 좋은 선택지가 됩니다. 새어 들어오는 산소가 연소를 지속시킬 수도 있으니 연소를 위한 꾸준한 산소 공급이 필요한 소이탄에게는 유용할지 몰라도, 짧은 시간 동안 대량의 에너지를 내뿜어 물리적 운동을 발생시켜야 하는 폭발에는 부적절합니다. 흑색 화약의 질량 대부분(75%)을 질산 포타슘이 차지하는 것은 이러한 이유 때문입니다.

$$4KNO_3 \text{ (s)} + 7C \text{ (s)} + S \text{ (s)} \rightarrow K_2CO_3 \text{ (s)} + K_2S \text{ (s)} + 3CO_2 \text{ (g)} +$$
$$3CO \text{ (g)} + 2N_2 \text{ (g)}$$

물질의 세 가지 상태 중 기체가 차지하는 부피는 같은 양(몰)의 액체나 고체 부피와 비교할 수 없을 정도로 넓습니다. 사람마다 각자의 기준이 다를 수 있지만, 보통 우리가 사용하는 한 컵의 물은 일반적으로 180~200mL의 부피를 갖습니다. 물이 얼음으로 상전이 하며 부피가 증가한다 해도 198~220mL의 부피이며 10% 내외의 차이가 한계입니다. 하지만 이 한 컵의 물이 증발해 수증기로 변화한다면, (일상적인 조건인 25℃, 1기압 환경에서) 무려 22만 4000~24만 9000mL의 부피를 차지하게 됩니다. 흑색 화약의 폭발에서도 같은 결과가 관찰됩니다. 고체로 존재하는 질산 포타슘과 황, 숯의 부피는 연소를 통해 발생하는 이산화 탄소, 일산화 탄소, 그리고 질소의 양으로 화학 반응식을 기준해 환산했을 때 380배가량 증가합니다. 심지어 화약의 폭발은 높은 온도 상승을 유발하며, 뜨거운 물체는 팽창하기 때문에 생성된 기체가 차지하는 부피는 더욱 넓어집니다. 그 결과는 무려 3000배에 달합니다.

0.000025초라는 짧은 시간 동안 황에 불이 붙으면 기화를 통해 숯 전체로 퍼지고 모든 곳에서 불타오릅니다. 그리고 질산 포타슘이 분해되어 산소와 질소가 발생하며 화약 용량의 3000배의 기체가 일거에 뿜어져 나갑니다. 이로 인해 화약이 폭발할 때 굉음이 발생하며 총알이나 포환을 밀어내게 되는 것입니다.

실전 흑색 화약 제조

흑색 화약 제조에 있어 초석과 황, 숯의 혼합 비율은 매우 다양합니다. 《무경총요》를 비롯한 중국의 기록에는 61.5%의 염초(초석), 30.8%의 황, 그리고 7.7%의 숯이라고 쓰여 있습니다.

유럽에서 화약 발명의 선구자 중 한 명으로 여겨지는 영국의 중세 신학자이자 과학철학자 로저 베이컨(Roger Bacon, 1214년 추정-1294)도 자신이 쓴 글에서 흑색 화약에 대해 다루고 있습니다. 베이컨은 화약을 이용해 실용적인 무기나 장치를 개발하는 데까지는 관심을 보이지 않았으나 연기와 소리, 그리고 불꽃을 내며 터지는 검은 가루의 잠재성과 위험성에 주목했습니다.[10] 그는 다음과 같은 애너그램(철자 순서를 바꾼 말)을 이용해 이 위험한 물질의 제조법을 감춰두었습니다.

'Item ponderis totum 30 sed tamen salis petrae luru vopo vir can utri 1

et sulphuris; et sic facies tonitruum et coruscationem, si scias artificium.
Videas tamen utrum loquar aenigmate aut secundum veritatem.'

훗날 해석된 바에 따르면 초석 7, 개암나무 숯 5, 황 5의 비율로 혼합한다는 설명이라고 합니다. 베이컨의 흑색 화약은 41.2%의 초석, 29.4%의 황, 그리고 29.4%의 숯으로 확인됩니다. 초석과 황, 숯의 비율은 500여 년의 시간 동안 조금씩 변화하여 화기 사용이 보편화된 18세기 이후 근대에서는 75%의 초석, 10%의 황, 15%의 숯으로 고정되었습니다. 화약의 초기에도 세 구성 물질들의 황금비를 찾기 위한 시도는 꾸준히 있었습니다. 유일한 문제는 물질을 다루는 화학적 기법과 설비가 확립되지 못한 18세기 이전에는 불순물

로저 베이컨의 화학 발명을 묘사한 그림. 로저 베이컨은 화약을 발명했지만 자세한 과정을 암호로 바꿔 숨겨두었다.

없이 원하는 물질을 깨끗하게 분리하는 것이 매우 어렵거나 많은 노동력 혹은 비용이 드는 절차였다는 점입니다.

숯과 황의 경우 아주 먼 과거부터 사용되었기에 높은 순도의 형태로 얻기 쉬웠습니다. 숯은 껍질을 벗겨낸 나무를 2년가량 숙성시켜 수분을 비롯한 용매를 최대한 제거한 후, 가마에서 일곱 시간가량 밀폐 상태로 가열해 만들 수 있습니다. 보통 800~900℃의 온도로 가열하게 되는데, 최고 온도까지 너무 빠르게 가열되면 얻어지는 숯의 양이 적어지고, 이보다 높은 온도에서는 셀룰로스 등의 식물의 탄수화물 구조에서 수소와 산소가 너무 많이 빠져 나가 점화 시 불을 확산시키는 휘발성 물질이 감소하게 된다고 합니다. 나름의 기술이 필요한 작업인 셈입니다. 황은 녹여 증류한 후 다시 굳혀서 더 순수한 황만을 얻어 고운 가루를 내면 완벽히 순수한 황을 구할 수 있습니다. 숯과 황은 모두 가루 형태로 체에 여러 차례 쳐서 균일한 혼합물로 준비하게 됩니다.

질산 포타슘을 얻는 과정은 자연에서는 간단하게 이루어지지만, 화약을 만들기 위해 대량을 준비한다면 가장 어렵고 힘든 단계가 됩니다. 초석의 확보와 생산이 화약의 발명이 이뤄지는 시기를 결정했다 해도 과언이 아닙니다. 질산염과 아질산염은 세균 등에 의한 질소 물질의 산화를 통해 토양에 쌓이게 됩니다. 또한, 번개와 같은 고에너지 방전 자연현상으로 인해 공기 중에 78%나 존재하는 질소가 질산염으로 산화되어 토양에 축적되기도 합니다. 벼락이 친 이후 풍년이 든다는 속설은 질소 영양소를 필요로 삼는 식물이 자연적으로 생성되는 질산염을 공급받을 수 있었기 때문에 생겨났을 것입니다.

오랜 정성과 동물의 도움까지

하지만 이 모든 방법은 인간이 만들어낼 수 없습니다. 결국, 동물의 배설물과 세균을 이용하는 방법이 개발됩니다. 중세 화약의 발명을 다루는 다양한 매체들은 분변을 모아둔 처리장에서 초석을 채취해 사용한다는 표현을 간단히 서술하지만, 이는 사실상 8개월에서 24개월에 걸친 작업의 결과입니다. 조셉 르 콘테(Joseph LeConte)의 방법을 따르면 2년간의 상세한 과정은 다음과 같이 요약됩니다.[11]

먼저 물이 새지 않도록 찰흙으로 단단히 다져 만든 웅덩이에 대량의 썩은 동물(혹은 인간)의 분변을 채웁니다. 토양 속 세균은 분변에 존재하는 유기물을 분해하며 증식하는데, 이 과정에서 질산염이 만들어집니다. 나뭇잎이나 짚, 나뭇가지 등 부패할 수 있는 재료들을 뒤섞어주면 공기가 통하기 쉬워져 더욱 빠르게 초석을 만들 수 있습니다. 세균이 생존하고 질소를 변환할 수 있도록 매주 물과 소변을 반복해서 뿌려줍니다(소변 100mL에는 질소 화합물인 요소가 약 2g가량 존재합니다). 빗물과 직사광선으로부터 보호하기 위해 찰흙으로 보호하며 설비를 몇 년간 문제없이 유지한다면, 초석을 꾸준히 얻을 수 있습니다.

이 복잡한 과정을 통해 얻어진 초석은 포타슘, 소듐, 암모늄(ammonium, NH_4^+), 칼슘, 마그네슘, 심지어 스트론튬(strontium, Sr)과 결합한 질산염의 혼합물로, 아직 순도가 낮아 사용할 수 없는 상태입니다. 화학적인 방법을 사용한다면 혼합물에서 화약 제조를 위한 질산 포타슘만을 분리하는 대신, 거의 모든 질산염을 포타슘과 결합한 형태로 바꿔 낭비를 줄일 수도 있습니다.

질산염이 생성된 분변 구덩이에 물을 부어 질산염들이 물에 충분히 녹아 나오도록 하루 동안 놔둡니다. 질산염이 더 이상 녹을 수 없을 정도로 분변을 계속해서 매일 넣어, 일종의 포화 용액이 되도록 합니다. 질산염의 포화 용액을 걸러낸 후에는 나무를 태운 재를 넣고 가열합니다. 식물 생장에 필수적인 세 가지 원소는 질소, 인, 그리고 포타슘입니다. 나무를 태우는 동안 질소와 인은 기화되어 공기 중으로 사라지지만, 금속의 일종인 포타슘은 재 속에 남게 됩니다. 포타슘이라는 명칭 역시 식물을 태운 재를 뜻하는 'potash'에서 유래했으며, 재를 녹인 물이 바로 강염기성 물질인 수산화 포타슘(KOH)이 용해된 양잿물입니다. 재를 넣고 가열하는 동안 질산염의 포화 용액은 포타슘이 함유된 염기성 환경으로 변화하며, 먼저 칼슘과 마그네슘이 아래와 같은 화학 반응을 통해 하얀색 가루로 석출되어 가라앉아 제거됩니다.

$$Ca^{2+} (aq) + 2OH^- (aq) \rightarrow Ca(OH)_2 (s)$$
$$Mg^{2+} (aq) + 2OH^- (aq) \rightarrow Mg(OH)_2 (s)$$

소금은 물에 간단히 용해되지만, 나프탈렌과 같은 물질은 물에 전혀 녹지 않고 가라앉습니다. 모든 용질은 다양한 용매에 대해 제각기 다른 정도로 녹을 수 있으며 이를 용해도(solubility)라 부릅니다. 칼슘이나 마그네슘을 포함한 주기율표의 2족에 위치한 원소들은 물에 잘 녹는 염의 형태가 대부분이지만, 염기성 용액을 이루는 수산화 이온과 만나면 물에서 석출되어 가라앉는 특징이 있습니다. 2족 금속 원소들과 수산화 이온이 만드는 염은 물에 대한 용해도가 매우 낮다는 의미가 됩니다.

질산 포타슘은 소금($NaCl$)을 비롯한 다른 염에 비해 용해도가 높은 편입니다. 결국 용액의 온도가 낮아짐에 따라 녹아 있던 다른 염들은 하나씩 석출되어 가라앉게 되고, 용해도가 높은 질산 포타슘은 여전히 액체 속에 녹아 있게 됩니다. 바닥에 가라앉은 침전물을 제거하고 수면 위에 떠오른 불필요한 유기물 덩어리들을 걷어낸 후, 마지막으로 차갑게 식혀주면 마침내 질산 포타슘이 결정을 이루며 분리됩니다. 만약, 더욱 순도를 높이고 싶다면 동물의 피를 뿌려 화약 연소에 방해될 수 있는 유기물이 단백질과 함께 덩어리져 엉겨 붙게 해 제거할 수도 있습니다. 마지막 단계에서 이전 제조 시 만들어 사용하고 남은 순수한 질산 포타슘 포화 용액으로 결정을 몇 차례 씻어주면 결정 안에 남아 있던 미량의 염들이 녹아 고순도의 결정을 얻게 됩니다.

초석과 황, 숯이 모두 준비되었다면 이제 어려운 과정은 모두 끝났습니다. 물론, 앞의 과정을 모두 생략하고 세 화학물질을 구입해

흑색 화약을 만든다면 더욱 간단하겠죠. 어쨌든, 세 물질을 각각 막자사발에서 곱게 갈아 분말로 준비한 후 최적의 비율로 섞어줍니다. 이들을 다시금 막자사발에서 여러 번 갈아 완전히 뒤섞게 되는데, 이때 전체의 약 8% 정도의 물을 넣어 혹시 모를 폭발을 방지함과 동시에 화약의 성능을 끌어올릴 수 있습니다. 최소한 10분 이상, 최대한 오래 갈아 끈적하고 균일한 검은색 곤죽이 되도록 만듭니다. 점성 있는 흑색 화약 반죽을 넓게 펴 말린 후, 두드려 부숴 쌀알만 한 크기의 작은 알갱이로 만들었다면 이제 화약으로 사용할 준비가 모두 끝난 것입니다!

매우 현대적인 화약 제조법

화약의 핵심은 적은 양으로 빠르게 연소하며, 최대한 많은 양의 기체를 생성하는 것이라 말할 수 있습니다. 물론, 화약의 목적에 따라 약간씩 다를 수 있습니다. 포환이나 탄환을 밀어내 발사하는 용도는 추진체(propellant)로 구분되며, 폭발력이 낮고 연소 반응에 적합해 기체를 발생시키는 화약의 한 종류입니다. 앞서 살펴본 내용은 모두 추진체에 대한 것이라 할 수 있고 흑색 화약이나 무연 화약(smokeless powder)이 이에 속합니다.

강력한 폭발 자체를 목적으로 한 화약들 또한 매우 다양합니다. 열을 가하거나 충격을 가했을 때 기폭(detonate) 되어 본 폭발을 유발하는 개시 목적의 화약인 일차 폭발물(primary explosive)로, 풀민산 수은(mercury fulminate, $Hg(CNO)_2$)이나 피그린산 납(lead picrate, $Pb(C_6H_2N_3O_7)_2$), 황화 질소(NS)나 염소산 포타슘($KClO_3$) 등이 이에 해당합니다. 본격적인 고폭탄(high explosive)으로 분류되는 것으로는 우리에게 친숙한 다이너마이트나 TNT 등이 있습니다. 고폭탄의 제조는 과정과 결과 모두가 극히 위험하며, '총포·도검·화약류 등 단속법'에 의해 처벌받을 수 있습니다. 하지만 일상적인 물질의 화학 반응을 통해 충분히 제조 가능하다는 점을 보이기 위해 구체적인 실험 과정을 제외한 이론적인 소개 정도만 해보고자 합니다.

아스피린이 폭발물로?

진통제 및 해열제로 사용되는 아세틸살리실산(acetylsalicylic acid, $C_9H_8O_4$)은 아스피린(Aspirin)이라고도 불리는 익숙한 의약품입니다. 여섯 개의 탄소가 정육각형 형태로 연결된 벤젠(benzene) 고리를 중심으로 아세트산에서 찾아볼 수 있던 카복실산 작용기(carboxylic acid, -COOH)와 메틸에스터(-OCOCH_3) 작용기가 나란히 붙어 있는 화학 구조로 이루어져 있습니다. 핵심을 이루는 벤젠 고리는 탄소와 수소로만 이루어진 대표적인 탄화수소 유기물질로 물에 잘 용해되지 않는 소수성(hydrophobic) 구조이자 기름과는 혼합되기 쉬운 친유성(oleophilic)을 갖습니다. 결국, 아스피린에서 많은 양의 아세틸살리실산을 추출하기 위해서는 물보다 알코올을 사용하는 편이 유리합니다.

메틸에스터 작용기를 구성하는 에스터(ester) 결합은 강한 산성 환경에서 가수분해되어 끊어지는 특징이 있습니다. 추출된 아세틸

| 아세틸살리실산(아스피린) | 살리실산 | 피크린산 |

의약품인 아스피린으로도 폭발성 화합물을 간단히 만들어낼 수 있다.

살리실산을 진한 황산과 혼합해 가열하면 구조가 살리실산(salicylic acid)으로 변화하게 됩니다. 준비된 살리실산에 흑색 화약의 핵심이었던 질산 포타슘을 반응시키면 벤젠 고리 하나에 세 개의 질산 작용기가 결합한 피크린산(picric acid)을 얻을 수 있습니다. 흑색 화약의 핵심이었던 질산 포타슘이 이번에는 화학 반응의 재료로 사용되는 것입니다. 마지막으로 피크린산에 산화 납(Pb₃O₄)을 섞어 반응시키면 하나의 납 양이온(Pb²⁺)에 두 개의 피크린산 분자가 결합한 구조의 화약인 피크린산 납이 만들어지게 됩니다.

$$2C_6H_3N_3O_7 \text{ (s)} \rightarrow 11CO \text{ (g)} + 3H_2O \text{ (g)} + 3N_2 \text{ (g)} + C \text{ (s)}$$

피크린산 역시 연소를 통해 다량의 기체 분자를 생성합니다. 단순히 화학 반응식만을 비교해도 앞서 살펴본 흑색 화약에 비해 수 배의 기체가 생성되는 더욱 효과적인 화약으로 생각할 수 있습니다. 실제로 고폭탄과 혼합되어 쓰이는 것이 일반적이며, 대표적으로 TNT나 벤젠,[12] 휘발유 등이 사용될 수 있습니다.

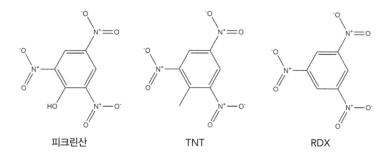

| 피크린산 | TNT | RDX |

나이트로 작용기가 포함된 유기 화합물은 에너지가 높다. 피크린산, TNT, RDX(Research Department eXplosive)의 구조에서 유사함을 확인할 수 있다. RDX는 TNT보다도 강력한 폭발물이다.

간편한 제조가 가능한 화약 중 또 다른 한 종류로 질산 암모늄 경질유(이하 ANFO, Ammonium nitrate fuel oil)가 대표적입니다. 용어 그대로 질산 암모늄(ammonium nitrate, NH_4NO_3)과 원유 기반 연료의 혼합으로 만들어지는 고체 소이제에 해당합니다. 일반적으로 95~96%의 질산 암모늄을 4~5% 비율의 액체 탄화수소와 뒤섞어 제조할 수 있습니다. 탄화수소 연료로는 경유, 등유, 설탕, 당밀과 같이 연소를 통해 많은 열량이 발생할 수 있는 재료가 모두 사용될 수 있는데, 뛰어난 폭발력에 비해 민감도가 낮아 단순히 흔들거나 충격을 가하는 것으로는 기폭되지 않으니 다루기 편하고 경제적이라는 장점이 있습니다. 산업적으로도 광산, 건축 공사 등 다양한 분야에서 사용되고 있습니다.[13] 반면, 제조가 쉽다는 특징으로 인해 폭탄 테러와 방화 테러에 사용되기에 가장 적합합니다.

조성 대부분을 차지하는 질산 암모늄은 대표적인 폭발성 물질이며, 질산(NO_3) 구조를 포함하는 물질들은 거의 모두 폭탄 제조에 사용될 수 있습니다. 고 옥탄(여덟 개의 탄소로 이루어진 탄화수소 연료의 비율이 높은) 휘발유를 사용해 제조되는 경우 다음과 같은 화학 반응을 따르게 됩니다.

$$30C_8H_{18} \text{ (l)} + 160NH_4NO_3 \text{ (s)} \rightarrow 160N_2 \text{ (g)} + 59H_2O \text{ (g)} + 240CO_2 \text{ (g)}$$

흑색 화약이 발명된 이후 수많은 화약이 여전히 개발되고 있습니다. 화약의 진보는 더욱 강하고 효과적인 폭발을 안전하게 달성하기 위함이라는 역설적인 목적을 갖습니다. 화약은 산업 분야에서 높은 잠재성을 갖습니다. 하지만 노벨의 다이너마이트가 그러했듯 전쟁과 폭력, 테러에 사용되는 등의 부정적인 측면을 간과할 수 없습니다. 우리가 특별한 목적을 가지고 집이나 창고에서 화약과 폭탄을 만드는 일은 없겠지만(아니, 절대 없어야만 하지만), 어떤 물질이 화약이며 무슨 특징을 보일지 알고 있는 것만으로도 언젠가 도움이 될 수도 있습니다. 수많은 발명품이 문명과 역사를 바꿔왔지만, 그 중에서도 화약은 역사상 큰 전환점을 만들어왔고 앞으로도 그럴 것입니다. 전쟁에서 마을을 파괴하고 사람의 목숨을 빼앗는 화약은 막힌 길을 열고 불꽃으로 하늘을 수놓으며 새로운 창조를 위한 파괴에 사용됩니다. 화약은 인간이 다룰 수 있는 가장 강력한 에너지의 한 형태로서 추진체, 연료, 폭발물, 도구가 되어 심해로, 지구 속으로, 우주로 나아가고 있습니다.

잘 녹는다는 것의 기준은?

소금이나 설탕은 물에 잘 녹지만, 나프탈렌 조각이나 모래, 철 가루는 녹지 않습니다. 고체와 액체 사이에서만 이런 관계가 나타나는 것은 아닙니다. 여러 알콜 함량의 술이 판매되고 있듯 물과 에탄올은 서로 잘 녹아 하나의 용액으로 뒤섞이지만, 물과 기름은 아무리 흔들어도 어느새 분리되어 층을 쌓아 올립니다.

너무나 자연스러운 이 현상들은 일정한 양의 용매에 얼마나 많은 양의 용질이 녹을 수 있는지를 의미하는 용해도로 설명됩니다. 그렇다면 어떤 물질을 '잘 녹는다' 혹은 '녹지 않는다'라고 구분할 수 있는 기준도 있을까요? 비교적 자세한 기준이 있습니다. 특히, 잘 녹는지의 여부가 매우 중요하게 작용하는 의약품 분야에서 확실한 기준을 찾아볼 수 있습니다.

〈대한약전〉의 통칙을 살펴보면 고운 가루로 만들어진 고체가 일정한 조건에서 용매에 모두 녹을 수 있는지의 여부로 상세하게 용해도를 구분하고 있습니다. 1g의 용질(혹은 1mL의 액체 용질)을 녹이는 데 필요한 용매의 양을 기준으로 1mL 미만의 용매만이 필요한 경우 '썩 잘 녹는다(very soluble)'고 표현합니다. 1~10mL의 용매가 필요하다면 '잘 녹는다(freely soluble)', 10~30mL의 용매가 필요하면 비로소 '녹는다(soluble)'라고 표현합니다. 이후부터는 점차 용해도가 낮은 상태로 취급되는데, 30~100mL의 용매가 필요하면 '조금 녹는다(sparingly soluble)', 100~1000mL가 필요하다면 '녹기 어렵다(slightly soluble)', 1000~10000mL의 용매가 필요할 경우 '매우 녹기 어렵다(very slightly soluble)'고 합니다. 그리고 그 이상의 조건부터는 '거의 녹지 않는다(practically insoluble)'로 구분됩니다.

단순히 약간이나마 녹을 수 있는지와 전혀, 단 하나도 녹지 않는지로 기준을 만들지 않은 것은 왜일까요? 언제나 아주 적은 양은 녹을 수 있기 때문입니다. 물에 잘 녹는 염화 소듐($NaCl$)의 용해도는 1L의 물에 대해서 무려 360g에 해당합니다. 반면, 염화 은($AgCl$)은 같은 양의 물에 단 0.002g만이 녹아 불용성 혹은 난용성 물질로 구분됩니다. 이러한 물질은 물에 녹지 않고 석출되어 가라앉게 되는 것입니다. 흑색 화약의 고전적인 제조와 정제 과정에서 칼슘과 마그네슘 이온은 수산화 이온과 결합한 형태로 석출됩니다. 수산화 칼슘($Ca(OH)_2$)은 1L의 물에 1.73g밖에 녹지 않고 수산화 마그네슘($Mg(OH)_2$)은 0.0064g만이 녹습니다. 결국, 같은 양의 물에 무려 383g이나 녹는 질산 포타슘(KNO_3)은 용액에 남고 칼슘과 마그네슘은 거의 다 제거될 수 있습니다.

유리에 색은
어떻게 입힐까?

스테인드글라스에서
발견한 화학

장미창이 있는 성당

인간의 주거 환경에서 가장 혁신적인 변화는 창(window)의 도입으로
가능했을지도 모릅니다. 창은 주거 환경이 아니어도 많은 학술, 과
학, 생활 분야에서 의미 깊은 단어로 쓰이곤 합니다. 국내외 어디서
나 '눈은 영혼의 창'이라는 표현이 쓰이고, 의료 목적을 위한 약이나
치료기법의 유효한 범위를 '치료적 창(therapeutic window)'이라 부르는
등 무엇인가를 들여다보는 유효한 수단이나 경로를 말할 때 창이라
는 단어를 씁니다.

　사실 창의 개발은 필연적이면서도 전혀 어렵지 않은 과정이었을
것입니다. 천연 동굴과 같이 창을 만들 수 없는 먼 과거 환경에서는
불가능했지만, 움집, 통나무집, 황토집 등 어떤 방식으로든 외부에
독립적인 건축물을 설립하게 된 이후부터는 창이 간단히 설치되었
습니다. 외부에 대한 시각 정보를 확보하고 자연 광원을 유입하는
경로로 실내조명 역할이 가능하기에 창은 필수적이었습니다. 오히

려 어려운 것은 온도 유지나 기후 변화로부터 실내를 보호하기 위해 창을 개폐하는 기능이었을 것이며, 투명하다는 특이하고도 유용한 성질을 갖는 유리를 창에 적용하는 과정이 문명 발전의 극적인 변곡점으로 작용했을 것입니다.[1]

선명한 색의 유리들로 짜 맞춰져 그 자체로 하나의 명화 혹은 예술작품으로 느껴지는 창을 흔히 관용적으로 스테인드글라스라고 칭합니다. 엄밀히 구분한다면 스테인드글라스는 착색된(stained) 유리판을 지칭하는 단어입니다. 우리가 중세를 배경으로 한 영화나 서유럽의 대성당에서 찾아볼 수 있는 작품들은 스테인드글라스가 끼워진 창이라 말해야 정확할 것입니다. 하지만 굳이 용어의 사용에 있어서 정확함을 따질 필요는 없다고 생각합니다. 스테인드글라스라는 단어에서 우리 모두 장엄하고 웅장한, 심지어 신성하기까지 한 아름다운 빛의 어우러짐을 머릿속에 그릴 수 있기 때문입니다. 가장 아름다운 형태의 스테인드글라스는 보편적으로 장미창(rose window)에서 찾아볼 수 있습니다.

이름마저 아름다운 이 창의 형태는 10세기 후반부터 성행했던 유럽 미술 양식인 로마네스크(Romanesque)의 원형 창에 기원을 두고 있습니다. 로마네스크 양식은 거대한 건축물 규모와 두꺼운 벽, 원형 아치 형태와 견고한 교각, 그리고 교차 궁륭(vault)의 특색을 갖습니다.[2,3] 비잔틴 이후 수도사들에 의해 미술을 통한 종교적 해석과 감정 구현을 위해 발전한 로마네스크 방식이기에 이후 도래할 고딕(Gothic) 양식에 비하면 약간은 투박하다 느껴지기도 합니다.

프랑스의 슈트라스부르크 대성당(Strasbourg Cathedral)의 외관과 장미창의 내외부 모습. 로마네스크 양식으로 건축된 이후 고딕 양식이 추가되었다. 여전히 상당 부분의 건축양식은 로마네스크 양식을 따르고 있다.

    고딕 양식의 시작은 파리의 초대 주교 생드니(Saint Denis)가 몽마르트르에서 목이 베인 후 매장된 것으로 여겨지는 생드니 대성당과 함께합니다. 초기 바실리카(Basilica) 양식으로 건축된 이후 1144년 고딕 양식 요소를 통해 완공됨으로써 비로소 고딕 양식 시대가 열립니다.[4] 고딕 양식의 경우 상단이 뾰족한 예첨창(lancet window)이나 둥근 장미창 형태의 대형 스테인드글라스가 사용되며, 로마네스크의 둥근 아치형 대신 이슬람 형태의 뾰족한 아치가 사용됩니다. 뾰족한 첨탑, 서로 평행하게 배치된 교차 궁륭과 더불어 육중한 지붕의 하중을 분산시킬 수 있는 벽날개형 버팀벽(flying buttress), 마지막으로 성인, 가고일 등의 조각상 장식이 고딕 양식의 대표적인 특색에 해당합니다.[5] 장미창은 원형의 거대한 창으로 중간 문설주와 트레이서리(tracery, 장식격자)로 구획이 나눠진 대칭적인 꽃잎 모양 창을 의미합니다. 원형 형태를 갖춰 바퀴창(wheel window)이라 불리기도 했으며, 가시 돋친 수레바퀴로 순교될 뻔했던 기독교의 성인 알렉산드리아의 캐서린(Catherine of Alexandria)의 상징인 수레바퀴를 닮았다 해서 캐서린의 바퀴(Catherine wheel)라는 이름으로 불리기도 합니다. 방사선 형태로 연결되어 뻗어 나가는 레요낭 고딕(Rayonnant gothic) 양식으로 이루어져 레요낭 창(Rayonnant window)이라는 이름을 갖기도 하는 장미창은 규모와 웅장함으로 건축 기술의 진보를 나타냅니다.[6] 실제로 노트르담 대성당(Cathedrale Notre-Dame de Paris)의 장미창 직경은 무려 12.9m에 달합니다. 신의 영광과 위대함, 그리고 조화는 고딕 양식 미적 가치였으며, 스테인드글라스가 이를 가장 잘 표현해낸다고 해도 과언이 아닙니다.

급속 냉각으로 단단하게

장미창의 미적 형태와 규모만으로도 충분한 놀라움을 느낄 수 있지만, 성당 내부에서 장미창을 통해 보는 스테인드글라스의 화려한 시각적 감동에 진면목이 있습니다. 스테인드글라스가 중세 이후 오랫동안 교회나 모스크를 비롯한 종교 관련 건물의 창에만 허락되었던 것은 마음을 움직일 정도의 화려하고 조화로운 모습 때문일지도 모릅니다. 이 착색된 유리의 화려함과 비밀을 밝혀내기 전에 우리는 먼저 유리 그 자체에 대해 이해해야만 합니다.

인류사를 통틀어 수많은 물질이 있었습니다. 돌과 청동, 철이라는, 유물론적으로 문명을 구분하는 기준이 되는 물질이 있었으며, 염료와 섬유, 종이와 비누 등 삶에 변혁을 가져오는 물질들도 있었습니다. 우리가 살펴본 화약이나 독처럼 역사의 흐름을 비틀어 다른 방향으로 이끄는 물질도 있습니다. 유리 또한 옛날부터 지금까지 가장 흥미롭고 중요한 물질 중 하나라고 해도 지나치지 않을 것입니다.

구성하는 원자 혹은 분자들이 기체에 비해서 어느 정도 상호작용하며 거동하는 상태를 액체, 그리고 그보다도 강한 상호작용으로 서로 단단히 결합해 눈으로 관찰된 정도의 움직임이 없이 고정된 상태를 흔히 고체라고 인식합니다. 고체 중에서도 매우 높은 질서를 갖고 정해진 자리를 지키며 반복적으로 배열돼 만들어지는 고체를 단결정(monocrystalline)이라 부릅니다. 그리고 결정성을 갖지만 모든 곳에서 유기되지 않는, 쪼개진 결정들이 모여 있는 상태는 다결정(polycrystalline)이 됩니다. 한편 결정성을 전혀 갖지 않는, 무작위적이고 복잡하게 연결돼 있는 상태가 비정질(amorphous) 고체입니다. 유리가 바로 이 비정질 고체에 속합니다. 유리가 비정질로 이루어진 고체라는 사실로 모든 문제가 해결된 것이 아닌가 싶지만, 모든 문제는 여기서부터 시작됩니다.

유리는 가열해 녹인 것을 급속 냉각함으로써 만듭니다. 균일하고 견고한, 틈새 없이 매끈하게 연결된 고체를 얻기 위해서는 서서히 냉각시켜야만 할 것이라 생각되기 쉽습니다. 물론, 단결정의 금속이나 세라믹을 얻기 위해서는 고온에서부터 서서히 냉각해 가장 안정한 결정 구조로 배열될 수 있도록 만드는 편이 더 좋습니다. 그러나 일반적인 유리는 서서히 냉각시키는 경우 오히려 다결정이 생겨 응력 차이로 미세한 틈이 생겨 파손될 가능성이 더 높아집니다. 차라리 결정성이 없이 모든 부분에서 무질서하게 엮여 있는 고체를 만드는 편이 유리에게는 나아 보입니다. 그리고 이를 위해서는 용융 유리의 급속 냉각이 좋은 선택지가 될 수 있습니다.[7]

우리가 알고 있는 물질의 상태는 온도와 압력에 의해 변화합니다. 표준 압력에서는 100℃에서 물이 끓지만, 압력이 낮은 산 위에서는 더 낮은 온도에서, 반대로 높은 압력을 만들 수 있는 압력솥에서는 더 높은 온도에서 물이 끓는 것을 생각해본다면 관계를 정확히 이해할 수 있습니다. 용융된 액체 규산염(유리)과 같은 상태로 생

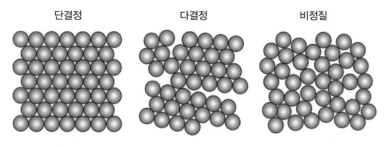

단결정   다결정   비정질

고체 물질은 단결정, 다결정 그리고 비정질로 구분된다. 구성 원자들의 배열 규칙성에 따라 결정되며, 특성이 달라지게 된다.

각할 수 있는 물의 경우 대기압에서 냉각을 통해 0℃에서 고체인 얼음으로 변합니다. 유리창에 수증기가 빙결되어 성에가 덮이거나, 눈 결정 또는 얼음 결정이 자라는 과정을 생각해본다면 아주 작은 시작점이 있다는 사실을 떠올릴 수 있습니다. 구름 속에서 비나 눈이 만들어질 때도 마찬가지로 핵(nuclei) 주위로 분자들이 결정성을 이루며 달라붙어 점차 자랍니다.

그렇다면 물이 얼음으로 응결되는 것은 필연적일까요? 어는점보다 낮은 온도에서도 상전이 없이 액체 상태를 유지하는 과냉각(supercooling) 상태가 있습니다. 결정핵이 생성되지 않은 채 빠르게 냉각되어 만들어지는 과냉각 액체는 물리적인 충격이 가해지면 생겨나는 작은 결정을 중심으로 순식간에 얼어붙습니다.[8] 물 역시 초당 10만 ℃에 달할 정도의 급속도로 냉각이 된다면 유리 상태가 될 수 있습니다.[9] 이처럼, 규산염 물질만이 유리가 될 수 있는 것은 아니며 유리와 같은 상태의 물질을 유리질(glassy texture)이라고 부릅니다.

조금 더 구체적인 예는 의외로 단단한 암석에서 찾아볼 수 있습니다. 지각 내부에 있던 마그마가 폭발을 통해 분출될 때에는 지표에서 용암이 빠르게 냉각되며 화산암(extrusive igneous rock)이, 그리고 내부에서 서서히 냉각되어 심성암(intrusive igneous rock)이 형성됩니다. 심성암은 냉각속도가 느려 충분한 결정핵이 성장할 수 있습니다. 결국, 다양한 결정들이 뒤섞인 다결정 상태의 화강암(granite), 섬록암(diorite), 반려암(gabbro)이라는 조립질 암석이 만들어집니다. 반대로 급속히 냉각되어 결정핵이 생성될 시간이 충분하지 못한 화산암으로는 구성 광물들이 구분되지 않도록 단일 형태로 혼합된 현무암 (basalt), 안산암(andesite), 유문암(rhyolite)이라는 세립질 화성암이 있습니다.[10]

투명하고 잘 깨지는 이유

비결정 고체 구조는 유리에 가장 중요한 특성을 부여합니다. 물체에 닿을 때 빛은 세 가지 종류의 반응을 보입니다. 물체에 흡수되거나, 물체에 부딪혀 반사되거나, 혹은 그대로 뚫고 투과합니다. 에너지 준위에 채워져 있던 전자가 상호 작용할 수 있는 파장의 빛의 힘을 빌려 비어 있는 에너지 준위로 들떠 이동하는 경우에 흡수가 일어나며, 이를 통해 안료나 물감이 색을 나타내는 현상을 설명할 수 있습니다. 만약 에너지 간격이 너무 좁거나 넓어 눈으로 볼 수 있는 가시광선 영역의 빛이 흡수될 수 없다면 투과가 일어납니다. 자외선이나 적외선, 혹은 그보다 더 짧거나 긴 파장의 빛은 흡수될지언정 가시광선은 투과되니 우리 눈에는 투명한 물체로 보이게 됩니다.

만약 유리가 결정성이 뛰어나 원자의 배열이 규칙적으로 이루어져 있었다면, 각 원자의 에너지 준위들은 두꺼운 띠(band)를 만들고 가시광선을 비롯한 여러 빛은 모두 흡수되어 전자를 들뜨게 하는 데 사용되었을 것입니다. 규칙성이 존재하지 않는 비정질 구조는 모든 에너지 준위들을 깨뜨려 가시광선이 흡수될 수 없도록 하며, 이로 인해 유리는 투명한 물질이 됩니다.[11] 투명하지만, 공기나 물과는 다릅니다. 투명한 물질을 통과하는 빛의 속도는 물질에 따라 달라지는데, 공기를 1.00이라 할 때 물은 1.32, 그리고 일반적인 유리는 1.52라는 굴절률(refractive index)을 갖습니다. 굴절률은 이름 그대로 빛의 굴절에 대한 척도이며 굴절률을 고려해 빛을 모으거나 분산시킬 수 있습니다. 유리가 망원경이나 현미경 등의 렌즈 제조에 사용될 수 있었던 이유가 여기 있으며, 역사적으로도 항해, 관측 기술의 발달, 미세 생명체의 발견, 심지어 천체 관측을 통한 물리학과 실험 과학의 발달에도 유리가 관여한 셈입니다.[12]

유리가 비정질 고체이기 때문에 갖는 장점이 크지만, 반대로 단점 또한 명백합니다. 바로 유리의 가장 대표적인 특징이라고도 할 수 있는, 충격을 받았을 때 깨지기 쉽다는 점입니다. 결정성이 존재하는 물체의 경우 원자들이 배열된 면이 존재하기 때문에 외부에서 가해진 힘을 면이 미끄러지며 분산시킬 수 있습니다. 몇 칸의 원자들이 밀려난다 해도 이미 높은 결정성이 있어 새로운 자리에서 새로운 결정이 유지되는 것뿐이라 할 수 있죠. 그 결과로 금속은 깨지는 대신 휘어지는 현상이 자연스럽게 생겨납니다. 하지만 비정질 고체인 유리는 충격이 일정한 방향을 통해 흡수되는 대신 뒤틀림이 생기며 깨집니다.[13]

결정질과 비정질 고체의 깨짐 정도는 광물의 강도를 비교하는 모스 굳기계(Mohs harness scale)를 기준으로 간단히 확인할 수 있습니다. 모스 굳기계는 가장 무른 광물인 활석(talc)을 1로, 가장 단단한 다이아몬드를 10의 척도로 설정해 상대적인 단단함을 비교하는 방식입니다. 유리와 유사한(물론 매우 작은 결정들이 있어 완전한 유리질은 아닌) 현무암은 6의 굳기이며 결정이 큰 조립질 화성암인 화강암은 8까지의 굳기로 알려져 있습니다. 유리의 경우에도 경향성은 같습니다. 일반적인 비정질 유리는 약 5.5의 굳기로, 결정성이 높은 석영(quartz) 유리는 7의 굳기를 보입니다.

유리의 제조 기술도 다양해서 입으로 불거나 도구로 눌러 펴는 식으로 모양을 만드는 실린더 유리(cylinder glass), 녹은 유리 방울을 장대에 붙인 채 빠르게 회전시켜 원심력으로 펼치는 크라운 유리(crown glass), 롤러로 눌러 펴는 압연 유리(rolled glass)나 주석 용액 위에 떨어뜨려 펼치는 플로우트 공법(float process) 등으로 나눠볼 수 있습

유리 제조는 용융된 유리의 형태를 잡아 굳히는 방식으로 이루어진다. 과거에 비해 대량으로 생산된다는 점을 제외한다면 유리 제조 방식은 크게 바뀌지 않았다.

니다. 스테인드글라스에는 크라운 유리가 주로 사용되었습니다.[14]

제조 기법보다 흥미로운 점은 불순물이 포함된다 해서 반드시 악영향을 끼치지는 않는다는 사실입니다. 순수한 규산염(SiO_2)으로 이루어진 석영 유리는 분명 우수한 내구성과 더 높은 투명도를 갖지만, 최소한 1700℃ 이상의 온도가 가해져야 녹기 시작해 제조에 어려움이 있었습니다. 탄산 소듐(Na_2CO_3)를 혼합해 더 낮은 온도에서 녹고 유리화가 이루어질 수 있도록 만든 석회 유리(lime glass), 붕소를 넣어 내열성을 향상시킨 붕규산 유리(borosilicate glass), 알루미늄 산화물(Al_2O_3)을 섞어 내구성을 높이고 섬유 형태로까지 만들어낸 알루미늄 규산염 유리(aluminosilicate glass), 그리고 산화 납(PbO)을 넣어 광택과 굴절율이 높은 납 유리(lead glass; crystal) 등은 불순물의 첨가로 새로운 특징들을 만들어낸 예입니다.

스테인드글라스는 바로 여기서부터 시작됩니다. 물감의 색을 만들어내던 다양한 중금속 원소가 유리에 뒤섞이는 불순물이 된다면, 유리 역시 색을 갖지 않을까요?

투명한 유리가 색을 입으려면

색유리는 스테인드글라스가 탄생하기 이전부터 사용되던 유리의 한 종류입니다. 착색의 한 방법으로 만들어진 도자기 겉에 유약을 도색해 광택과 색상을 만들기도 했으며, 장식용 유리구슬의 형태로 만들기도 했습니다. 가장 오래된 고대의 유리들은 자연 상태에서 용융과 냉각을 통해 형성된 흑요석이나 운석이었기 때문에, 옛날에는 색상이 있는 유리가 특별히 낯설지는 않았을 것입니다. 오히려 투명한 유리가 더 신기한 물체였을 것입니다.

어린 시절 만져본 적 있는 투명한 유리구슬 장난감도 내부에 나뭇잎 모양 또는 물결 모양으로 형형색색의 장식이 박혀 있었습니다. 유리구슬 안에 비닐이나 나뭇잎을 넣고 유리 성형을 한 것인가 싶기도 하지만 사실 색유리를 녹여 넣거나 분쇄된 색유리 가루를 넣고 만들어 유리 속에 유리가 섞인 것입니다. 즉, 유리구슬도 색유리 공예의 간단한 기술로 만들어진 것이라고 볼 수 있습니다.

스테인드글라스는 유리구슬보다는 당연히 더 복잡하게 만들어질 수밖에 없습니다. 구성의 기술적 측면에서는 쪼개 나뉜 유리들을 뒤틀림 없이 견고하게 연결해야 한다는 점에서 고딕 양식에 적합했던 유리 공예 기술이었습니다. 로마네스크를 거쳐 고딕 양식에 들어서며 거대한 건축과 더불어 트레이서리에 따라 다양한 장면을 다룰 수 있었습니다. 투명 유리 겉에 색유리를 붙이거나, 크라운 방식으로 색 판유리를 만들어 검은 선이나 납 혹은 은 선을 붙여 그림을 구분하기도 했습니다.

스테인드글라스의 색상들을 이야기하기 전에 다시 한번 의뭉스러운 질문을 던져보겠습니다. 유리는 무슨 색인가요? 불순물이 전혀 존재하지 않는 순수한 규산염으로 이루어진 석영 유리는 틀림없이 투명합니다. 하지만 일반적인 유리의 제조에는 약간씩의 불순물이 포함될 수밖에 없습니다. 특별한 처리 과정 없이 만들어지는 '보통' 유리들의 경우 연한 초록색이 기본적인 색상입니다. 지각에 다량 존재하는 철이 2가 양이온 상태(Fe^{2+})로 함유되어, 철 이온 본연의 색상인 초록색이 착색된 유리(0.13 질량%의 철 함유)가 만들어집니다. 소주나 탄산음료가 담긴 녹색 병이 이에 해당하며 별도의 처리를 하지 않은 순수한 유리라 볼 수 있습니다. 더욱 깊은 초록색을 만들기 위해서는 Fe^{2+} 이온을 더 넣어주면 간단합니다. 더 나아가 광택이 날 정도로 진한 녹색을 원한다면 3가 크로뮴 이온(Cr^{3+})의 혼합을 선택할 수 있고, 에메랄드그린 색유리는 독성 비소 페인트 파리스그린(셸레 그린)을 떠올리면 됩니다. 바로 비소를 넣어 만들 수 있죠.

반대로 투명한 유리병을 만들려면 철 이온을 제거하거나 다른 방법을 선택해야만 할 텐데, 철을 완전히 제거하는 것은 복잡하고 비경제적일 수밖에 없습니다. 철을 제거하는 대신 유리 탈색제(decolorizing agent)를 넣어 화학 반응으로 철의 산화수를 바꾸는 방법이 사용됩니다. 소량의 망가니즈(manganese, Mn)나 주석(tin, Sn) 산화물을 유리 제조 시 넣어주면 단순한 산화환원반응을 통해 철 이온이 변화합니다.[15]

$$Fe^{2+} (green) + Mn^{3+} (or\ Sn^{5+}) \rightarrow Fe^{3+} (yellow) + Mn^{2+} (or\ Sn^{4+})$$

연노란색의 3가 철 이온은 색이 충분히 옅어 녹색이 사라집니다. 만약 더 투명에 가까운 상쾌한 하늘색을 얻고 싶다면 2가 구리 이온(Cu^{2+})을 조금 넣어주면 됩니다. 하지만 1가 구리 이온(Cu^+)을 넣는다면 갑작스럽게도 심홍색(마젠타)으로 변화합니다. 혹시라도 아주 투명할 정도의 탈색을 원해 망가니즈를 더 많이 넣는다면 또 다른 변화가 시작됩니다. 바로 보라색 유리가 탄생하죠. 망가니즈의 양 조절이 어려워 보라색 유리가 만들어져버릴까 봐 걱정돼 주석을 사용해 탈색을 시도한다면, 이번에는 많이 넣으면 오히려 불투명에 가까운 하얀색 유리가 만들어집니다. 맥주병과 같은 갈색은 조금 더 다양한 혼합이 필요합니다. 화약을 만들던 느낌으로 황과 탄소, 그리고 3가 철(Fe^{3+})이나 녹인 철을 조금 넣고 정성껏 혼합해준다면 짙은 호박색(amber) 유리가 만들어집니다.

산화 코발트를 유리 제조에 불순물로 섞어 넣는다면 선명한 파란색 유리를 만들 수 있었습니다. 이렇게 만든 파란색이 페르메이르가 쓴 스말트의 재료이자 샤르트르 대성당(Chartres Cathedral) 장미창을 뒤덮은 스테인드글라스의 파란색에 쓰인 주성분입니다. 금속 산화물을 혼합해 다양한 이온의 형태와 전자 배치로부터 유리의 색을 조절하는 과정은 흥미롭습니다. 이보다 더 재미있는 부분은 파란색과 함께 스테인드글라스의 상징적인 색상인 빨간색과 노란색 유리에 숨어 있습니다.

투과될 때와 반사될 때

장미창에 장식된 스테인드글라스를 건물 외부에서 바라보면 사뭇 다릅니다. 전체적으로 짙은 회색이나 어두운 무채색으로만 보일 뿐 내부에서 보이는 색상은 보이지 않습니다. 태양에서 쏟아져 내려오는 백색광의 흡수와 반사, 투과에 의해 나타나는 광학적 현상이 차이를 보이는 것입니다. 이러한 특징은 이색성(dichroism)이라는 방식으로 빨간색과 노란색 유리에서 더 확실히 관찰됩니다.[16]

4세기경 로마 제국의 유물인 리쿠르고스의 잔(Lycurgus cup)은 관찰자와 빛이 같은 방향에 있을 때는 진회색의 불투명한 잔으로, 광원과 관찰자의 중앙에 잔이 놓여 있을 때는 붉은색의 잔으로 보입니다. 투과되는 빛과 반사(산란)되는 빛이 다르기 때문입니다. 유리

속에 금속 이온이나 산화물이 아닌, 이보다는 더 크지만 눈으로 알갱이를 살펴볼 수는 없는 크기인 나노입자가 박혀 있을 때 이런 현상이 나타납니다. 바꿔 말하자면 리쿠르고스의 잔과 스테인드글라스의 붉은색 유리는 단순한 이온 불순물의 영향이 아닌 금속 나노입자에 의해 만들어진 색이라고 할 수 있습니다.[17]

금은 거시적인 세계에서는 광택 있는 노란색의 금속으로 인식됩니다. 금이 나노미터 크기의 동그란 입자로 줄어든다면(그것도 머리카락 한 가닥 두께의 1000분의 1 수준으로), 금은 붉은색으로 보입니다. 스테인드글라스의 노란색 유리는 흔히 은 착색(silver staining)이라 부르는데 질산 은($AgNO_3$) 용액을 여러 차례 유리 위에 바르고 열을 가하는

리쿠르고스 잔은 금 나노입자가 함유된 로마 시대 유물로, 광원의 위치에 따라 색상이 다른 이색성이 관찰된다.

방식으로 만들 수 있습니다. 초기에는 은이 어떤 식으로 유리의 색을 변화시키는지 불확실했으나 금과 마찬가지로 매우 작은 은 나노입자가 형성되기 때문인 것이 확인되었습니다.[18] 같은 크기와 모양일 때, 금 나노입자는 붉은색으로 보이나 은 나노입자는 노란색을 나타냅니다.

나노입자의 색상이 구성 원소, 크기, 모양, 구조에 따라 변화하는 현상은 현대 화학 분야에서 대부분 밝혀진 사실입니다. 예를 들어, 금 나노입자의 크기가 증가함에 따라 색상은 빨간색으로부터 점차 보라색으로 바뀌게 됩니다. 같은 크기라 해도 동그란 구형이 아닌, 길쭉한 막대기 모양이라면 녹색이 되고, 동그란 모양이어도 속이 비어 있는 껍질 형태라면 파란색이 되기도 합니다. 물론 이처럼 섬세한 조절이 유리를 만드는 기술이 약 9세기 전 과거부터 알려졌을 리는 없습니다. 나노미터 수준의 작은 금속 알갱이를 조절해 색상과 기능을 조절하고 여러 첨단 분야에 이용하는 기술들은 현대 사회에서 가장 중요한 연구 분야 중 하나인 나노화학과 나노기술로 구분됩니다.

스테인드글라스는 새로운 모습으로

고딕 건축 양식의 발전을 따라 스테인드글라스는 꾸준히 변화했습니다. 원형 장미창을 수놓던 스테인드글라스는 넓고 깊은 수직 창의 도입에 따라 더 많은 이야기를 그려낼 수 있고, 색유리에 사용되는 원소들의 확장과 기술의 발달은 다채로운 색감과 화려함, 신비감을 더했습니다.

하지만, 곧 이어진 르네상스(Renaissance) 시대를 통해 근세로 들어서며 스테인드글라스는 쇠락합니다. 종교적인 의지보다는 인본주의적 사고가 커지며 건축 양식도 혁신적으로 변화합니다. 창의 크기는 줄어들고 첨탑과 채광층(clerestory)이 사라지며 스테인드글라스의 인기도 줄어듭니다. 사실 가장 큰 요인은 유화가 발달하고 보급되었기 때문입니다. 고온에서 유리를 녹이고 다양한 금속 화합물을 구해 색유리를 만들어 짜 맞춰야 하는 고되고 오래 걸리는 작업보다, 벽이나 천장에 붓으로 그림을 그리는 편이 더욱 빠르고 값싸며

편했기 때문입니다. 성당과 교회의 스테인드글라스도 프랑스 대혁명과 영국의 종교개혁 과정에서 수도원이 해체되며 많은 경우 파괴되거나 철거되기에 이르렀습니다.

19세기에 들어서며 신고전주의(Neoclassical)의 시작으로 스테인드글라스의 복원과 재조명이 시작됩니다. 이 시기 가장 중요한 업적은 외젠 비올레 르 뒥(Eugène Emmanuel Viollet-le-Duc, 1814-1879)에 의해 이루어집니다. 미국 뉴욕 리버티섬에 세워진 자유의 여신상의 건축에 수석 엔지니어로 참여한 그는 웅장한 고딕 건축과 스테인드글라스로 기억되는 노트르담 대성당, 생트 샤펠, 생드니 대성당을 복원했습니다. 자연스럽게 스테인드글라스는 전 유럽에서 재건되며 이후 미국에서 변혁의 시대를 맞게 됩니다.

중세와 근세를 넘어 근대에 들어서며 새로운 미술이라는 의미의 아르누보(Art Nouveau) 시대가 열립니다. 스테인드글라스의 아르누보는 보석 및 사치품으로 유명한 미국 기업 티파니앤코(Tiffany & Co.)의 설립자의 아들이자 첫 번째 디자이너였던 루이스 컴포트 티파니(Louis Comfort Tiffany)에 의해 이루어집니다.

티파니 유리(Tiffany glass)라 구분되는 새로운 유리 종류들은 보석의 일종인 오팔(opal)과 같이 광택이 있으며 여러 색상이 은은하게 섞여 있는 유백색 유리(opalescent glass)를 기본으로 합니다. 선명하고 흠결 없이 깔끔한 단일 색상 유리의 모자이크식 활용을 통한 기존 스테인드글라스를 넘어, 하나의 유리 구획에서도 색상과 형태가 다양한 것이 특징입니다.

1892년 특허 등록된 티파니의 '패브릴 유리(Favrile glass)'는 단순한 혼합을 넘어, 보는 각도에 따라 무지개색으로 변하는(iridiscent) 유리 입니다.[19] 물웅덩이 위에 떠 있는 기름이나 비눗방울에서도 이런 현상을 흔히 볼 수 있지만 원리는 사뭇 다릅니다. 물과 섞이지 않는 기름의 성질과 함께 약한 표면 장력은 물 위에 매우 얇은 기름 막을 만들게 됩니다. 이 현상은 표면 화학 분야의 시작이 되었던 만큼 빛과 물질 표면의 대표적인 반응이라 볼 수 있습니다. 패브릴 유리의

티파니의 〈벚꽃과 소녀(Girl With Cherry Blossoms)〉

경우, 뜨거운 용융 유리들을 혼합해 미세한 음영을 만들기 때문에 표면만이 아닌 내부까지도 다양성이 생겨납니다.

용융 유리를 냉각시킬 때 빠르게 당겨 실처럼 가느다랗게 뽑아 내 유리판 위에 눌러 거미줄과 같은 문양을 새기는 스트리머(장식 띠) 유리(streamer glass), 유리판이 식기 전 위에서 색유리를 깨뜨려 조각을 흩뿌리는 프랙처 유리(fracture glass), 동그란 무늬가 퍼뜨려진 반점 유리(ring mottle glass), 압연시 롤러의 속도를 다양하게 바꿔 무늬를 만드는 잔물결 유리(ripple glass), 그리고 반복적으로 접어가며 식혀 만들어지는 휘장 유리(drapery glass)까지 색유리의 표현 방법은 유리화 속도와 표면 제어를 통해 탄생했습니다. 이 모든 티파니 유리 기술을 찾아볼 수 있는 작품 〈벚꽃과 소녀〉를 바라보면 알폰스 무하의 감각적인 화풍이 느껴지기도 합니다(무하 역시 체코 프라하 성 비투스 대성당의 스테인드글라스를 제작한 바 있습니다).

유리는 더 다양해지고 있다

색유리와 특별한 기능을 갖는 특수 유리는 현재도 계속 발명되고 있습니다. 평범한 금속 원소를 넘어 주기율표의 가장 아래쪽 구획에서나 찾아볼 수 있는 프라세오디뮴(praseodymium, Pr)과 네오디뮴이 혼합된 자외선 차단용 녹색 유리가 보안경 제작에 사용됩니다. 원자력 발전 등에 이용되는 원소인 우라늄(uranium, U)이 사용된 유리는 자외선을 쪼였을 때 밝은 녹색 형광을 만드는 특징으로 새롭게 쓰입니다. 이제는 유리와 같이 투명하고 평평하며 튼튼한 물체를 폴리카보네이트 등의 고분자를 이용해 만들어낼 수도 있습니다. 하지만 유리만큼 매끈하고 흠결 없는 표면을 얻기는 쉽지 않습니다. 유리는 플루오린화 수소산(HF)을 제외한 산, 염기, 화학물질에 대한 안정성이 매우 뛰어나기에 새로운 물질로 기존 유리를 대체하는 것은 요원한 일로 보입니다.

스테인드글라스가 고딕 건축 기술과 맞물려 발전한 것처럼, 현대의 고도화된 건축 기술은 중세나 근대 스테인드글라스와는 다른 규모의 작품들을 가능케 했습니다. 브라질 리우데자네이루 대성당에는 무려 64m에 달하는 높이의 스테인드글라스가 동서남북 네 곳의 출입구 위쪽의 벽을 장식하고 있습니다. 스테인드글라스의 의미는 과거와 마찬가지로 사회적 기풍이나 시대적 정신을 표출하는 방법의 하나로 남아 있습니다. 색유리 종류가 다양해지는 것은 화가에게 더욱 다양한 색상의 물감이 주어지는 것과 같은 의미입니다.

더 먼 미래가 되어도 유리가 사라질 일은 없을 것입니다. 모래에서 얻어지는 규소(silicon, Si)는 유리의 가장 중요한 성분이자 전자기기의 핵심인 반도체의 원료입니다. 가장 중요한 이 두 가지 물질을 만들기 위한 규소가 지각의 27.7%를 차지해 두 번째로 풍부한 원소라는 사실은 정말로 다행일지도 모르겠습니다.

유리를 녹이려면

첨가하는 물질의 종류나 기법을 바꿔 유리의 색상을 다채롭게 변신시킬 수 있지만, 표면의 거친 정도를 다르게 하거나 음각 또는 양각으로 높낮이를 조절하는 등 물리적인 형태를 변화시켜서 색다른 느낌의 유리를 만들 수도 있습니다. 그런데 형태를 바꿔보려 두드리거나 누르는 등 물리적인 힘이 가해지면 파손되거나 조각조각 깨지기 쉬운 유리가 어떻게 이처럼 미세하게 조절될 수 있는 걸까요? 그 답 역시 화학에 숨어 있습니다.

깎아내는 것보다 더 간단한 방법은 녹이는 것입니다. 화학물질마다 무엇을 녹일 수 있을지는 확실한 차이를 보입니다. 물은 소금을 녹이지만 쇳조각은 녹일 수 없습니다. 벤젠(benzene)과 같은 유기 용매는 기름때를 녹여도 오히려 소금을 녹이지는 못합니다. 흔히 녹기 어려운 금속 조각들까지 부식시켜 녹여버리는 물질은 보통 산(acid)인 경우가 많습니다. 특히, 염산(HCl), 브롬산(HBr), 아이오딘산(HI), 황산(H_2SO_4) 그리고 질산(HNO_3) 정도로 대표되는 강산성 물질은 가장 효과적이며 파괴적입니다.

그런데 여기에서 두 가지 궁금증이 다시 생겨납니다. 이처럼 강한 산은 어디에 보관해야 안전할까요? 그리고 염소, 브로민, 아이오딘과 같은 17족 할로젠에 속한 플루오린은 왜 강산이 아닌 걸까요?

사실 대부분의 강산성 시약은 갈색 유리병에 담겨 판매되는 것을 알 수 있습니다. 진한 황산이나 염산, 심지어 금조차 녹이는 왕수라 해도 유리를 녹이지는 못합니다. 예외가 하나 있으니, 흔히 강산도 아닌 약산으로 구분되는 플루오린화 수소산(HF, 불산)입니다. 플루오린화 수소산은 산화된 물질을 녹여낼 수 있어 규소 산화물(SiO_2)인 유리를 화학적으로 녹이게 됩니다.

플루오린화 수소산이 유리를 녹이는 작용은 유리 식각(glass etching)이라는 기법을 만들어냈습니다. 빛은 투과해 조명의 역할은 하지만 물체가 뿌옇게 비쳐 정확한 모습은 감출 수 있는 간유리(frosted glass)를 만드는 것, 유리 표면에 그림을 그리고 특별한 패턴을 새기는 작업 등은 플루오린화 수소산을 통한 식각으로 만들 수 있습니다. 플루오린화 수소산 역시 강산은 아니지만 매우 위험한 산성 물질이며, 유리에 보관할 수 없는 대신 플라스틱 병에 넣는다면 안전합니다.

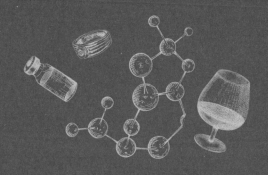

3부

인간은 화학을
어떻게 사용해야 할까

불을 무기로 사용하면서도
윤리적으로
옳을 수 있을까?

플라타이아이 공성전에서
네이팜탄까지

전쟁 속의 불

화학의 발전은 끝없이 꼬리를 무는 연속적인 사건들을 통해 이루어져왔습니다. 하지만 모든 것에는 시작이 있듯 화학 역시 처음을 알리는 단 하나의 반응이 존재합니다. 물질이 산소와 결합하며 주위로 다량의 빛과 열을 방출하는, 연소(combustion)가 바로 그 시작점입니다. 인류가 마주했으며, 발견을 넘어 처음으로 의지대로 조절할 수 있던 최초의 화학 반응이자 화학의 시작, 그리고 가장 오래된 화학적 변화라 설명할 수 있는 연소는 '불타다'라는 아주 간단한 현상으로 요약될 수 있습니다.

연소는 먼 과거부터 인류가 처한 춥고 어두운 환경에서 빛과 열을 제공해 생존을 도왔으며, 식재료의 조리를 통해 안전과 더불어 먹는 것의 즐거움과 다채로움을 선물했습니다. 인류는 연소를 통해 청동과 철을 비롯한 금속을 제련해 문명을 형성했고, 증기기관을 통해 산업혁명을 이뤄냈습니다. 연소는 물질의 생성, 변화, 분해(소각) 등 현대 사회의 기초적인 요건으로 작용합니다. 하지만 제어할 수 없는 불은 화재 사고를 일으켜 물질적 및 신체적 손상을 유발하며 무기와 전쟁 분야에서도 사용되고 있습니다. 이렇게 위험하면서도 흥미로운 주제인 불을 무기로 사용했던 전쟁사 속 화학에 대해 함께 생각해보겠습니다.

불을 무기로 사용하는 것은 역사적으로도 언제나 의미 있는 사건과 연결되어 있습니다. 불을 처음 다루게 되었던 네안데르탈인은 야생동물을 위협해 쫓아내는 데 횃불을 사용했습니다. 신석기 이후 부족 집단 간의 세력 싸움에서도 집과 같은 시설을 파괴하기 위해 의도적인 방화를 저질렀습니다. 당시에는 '불타는 물'이라고 생각되었을 석유나 타르의 발견은 불이 무기로 사용되는 데 크게 도움을 주었을 것입니다.

연소 반응을 전쟁에 사용했던 상황은 기원전 429년에서 기원전 427년 사이에 발발했던 펠로폰네소스 전쟁에서 찾아볼 수 있습니다. 스파르타 결사대와 레오니다스 1세의 분전을 다뤘던 영화 〈300〉의 배경과도 연관성이 있는 시점입니다.[1] 페르시아 제국의 크세르크세스 1세가 원정을 행한 이후 페르시아 동맹군에 대항해 아테네 동맹군과 스파르타, 코린트 연합군이 공성전을 펼치게 됩니다. 아티카(Attica)와 보이오티아(Boeotia) 사이에 위치했던 플라타이아이(Plataea) 시에 대해 펼쳐졌던 공성전에서, 스파르타는 최초의 화학 연막무기일지도 모를 유황 공격을 감행했습니다.[2] 정확히는 유황을 태웠을 때 발생하는 고약한 냄새와 자극적인 기체를 플라타이아이

시로 향하는 바람에 실어 흩뿌렸던 것입니다. 사실, 당시 전황에서 유황 기체 공격이 차지하는 비중은 그다지 높지 않았고 효율적이지도 못했습니다. 유황 공격 덕분이라고 말할 수는 없지만, 아테네 연합군은 마침내 승리를 거두고 페르시아는 아티카와 보이오티아, 플라타이아이에 대한 통치권을 빼앗기는 결과를 얻게 됩니다.

황을 태워 무기로

원소명으로는 황(sulfur, S)인 유황은 화산 지대에서 높은 순도의 고체 형태로 손쉽게 얻을 수 있는 물질입니다. 흔히 황이 포함된 악취성 물질 중 가장 유명한 것은 황화 수소(H_2S)일 것입니다. 우리는 황이 다량 함유됐다고 알려진 삶은 달걀 노른자의 설명하기 어려운 고릿한 냄새로부터, 황화 수소를 비롯한 다양한 황 화합물의 악취를 상상하곤 합니다. 실제로는 완전히 상해 부패한 날달걀의 냄새가 여기에 가까우며, 코를 찌르는 듯한 아주 강렬한 냄새가 납니다.

흔히 지독한 냄새를 갖는 화합물은 인체에 유독하고 위험할 것으로 여겨지지만, 황화 수소는 체내에서 필요에 의해 자연스럽게 합성되며 생체 활동을 조절하는 데 사용되고 있습니다. 동물에게는 산화 질소와 함께 혈관을 확장하는 데 쓰이며 식물에게는 발아를 돕는 역할을 합니다. 암을 비롯한 몇몇 질환들은 체내에서 정상보다 많은 양의 황화 수소를 발생시킨다는 사실이 알려져 질병의 진

단에도 사용되고 있습니다.[3]

플라타이아이 공성전에서 사용된 유황의 연소는 황화 수소의 발생이 아닌, 이산화 황(SO_2)의 발생을 통해 이루어졌습니다.

$$S \, (s) + O_2 \, (g) \rightarrow SO_2 \, (g)$$

타는 물질인 황이 공기 중의 산소와 결합하는 연소 반응을 이해할 수 있는 아주 직관적인 화학 반응식은 위와 같이 표현됩니다. 이산화 황 역시 코를 찌르는 지독한 냄새를 갖는 기체이며, 만약 다량의 이산화 황을 흡입한다면 호흡기 질환을 포함해 인체에 큰 피해를 입게 됩니다. 물론, 과거 펠로폰네소스 전쟁에서 그러했듯 유황 기체 공격은 현대전의 대량살상용 독가스 살포처럼 극단적인 피해를 만들어낼 수는 없지만, 전장에서의 혼란을 유발하고 진형을 흩트리는 등의 목적으로는 효율적으로 사용될 수 있었습니다.

이후에도 유황을 태우는 방식은 점차 발전하며 꾸준히 사용됩니다. 자연에서 채취된 황은 무른 강도의 노란색 암석 형태로 얻어집니다. 노란색 고체인 황은 가열을 통해 붉은색 액체 형태로 변화합니다. 심지어 황에 직접 불이 붙어 연소가 일어나는 동안에는 일반적으로 관찰되는 붉은색이 아닌, 푸른색 불꽃이 타오릅니다. 간단히 정리하자면, 황은 불에 타기 쉬운 원소이며 이로부터 고약한 기체가 발생한다는 특징을 지닙니다. 이 특징으로 인해 유황은 다양한 화염 무기에 사용되었고 폭발과 기폭을 위한 발화제를 만드는 데 쓰였습니다. 성냥의 머리도 연소를 위한 적린(赤燐)과 산소 공급을 위한 산화제, 연소 속도를 조절하는 지연제 등의 혼합물로 만듭니다. 이것을 성냥갑 옆면의 황에 문질러 불을 일으킵니다.

스파르타인들의 전략을 발전시켜, 기원전 327년 간다라(Gandhara, 현재의 파키스탄 지역) 요새 공성전에서 알렉산더 대왕은 유황 폭탄을 투척용으로 사용한 바 있습니다. 끈끈한 고체 연료인 피치(pitch)와 황산 바륨($BaSO_4$)으로 이루어진 광물인 중정석(barite)을 유황과 혼합해 더욱 많은 연기를 발생시키며 오랜 시간 타오르는 신무기를 탄생시킵니다.

석탄에 공기 없이 열을 가하는 방식으로 높은 온도를 가해 코크스(cokes)와 석탄 가스를 얻는 과정에서 생겨나는 부산물인 콜타르(coal tar), 원유(原油)의 증류에서 발생한 찌꺼기인 아스팔트(asphalt) 등이 바로 피치입니다. 목재로 숯을 만들기 위해 가열할 때 생겨나는 끈끈한 액체인 역청(瀝靑) 수지 역시 피치에 해당합니다. 석탄과 원유, 목재 등 피치의 종류는 다양하지만, 이들의 공통점이 있다면 모두 탄소와 수소의 결합으로 이루어진 다양한 탄화수소(hydrocarbon) 화합물들이 뒤섞여 만들어졌다는 데 있습니다.[4] 지금도 연료로 사용되고 있는 프로페인(propane, $CH_3CH_2CH_3$)이나 뷰테인(butane, $CH_3CH_2CH_2CH_3$)이 대표적인 탄화수소에 해당합니다. 사슬 형태로 연결된 탄소의 개수가 늘어날수록, 타오를 때 더 많은 에너지를 내고 끈적함을 의미하는 점도가 증가합니다. 원유의 정제로 얻어지는 가벼운 연료인 휘발유(gasoline)는 일곱 개의 탄소가 프로페인이나 뷰

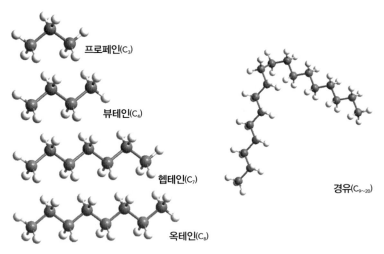

프로페인(C₃)

뷰테인(C₄)

헵테인(C₇)

경유(C₉₋₂₀)

옥테인(C₈)

탄소의 개수가 증가할수록 점성이 높고 연소 시 에너지를 많이 방출하는 연료가 된다.

테인처럼 사슬 형태로 연결되어 있으며, 고급 휘발유의 경우 여덟 개의 탄소로 이루어져 더 높은 에너지를 활용할 수 있습니다.[5] 중장비 등에 사용되는 경유(diesel)는 9~20개의 탄소로 이루어진 탄화수소가 혼합된 형태입니다.

탄소가 많아 끈적한 연료일수록 더 많은 에너지를 만들어낸다는 관계를 생각했을 때, 새로운 무기의 재료로 피치를 선택한 것은 훌륭한 결정이었습니다. 피치는 점성이 물의 2.3×10^{11}배에 해당하는, 세상에서 가장 점성이 높은 물질입니다. 1930년부터 깔때기에 담아둔 피치가 아래로 떨어지는 시간을 확인하기 위한 실험을 시작해 지금도 진행하고 있습니다만, 단 아홉 방울밖에 떨어지지 않았으니 말입니다. 무엇보다 구하기도 쉽죠.

중정석과 황이 만나면

알렉산더 대왕의 유황 발연 무기에서 가장 흥미로운 부분은 중정석을 사용했다는 것입니다. 중정석은 납작한 판 모양으로 주로 발견되는 광물인데, 추가로 혼합된 원소가 무엇인가에 따라 다양한 색상을 가져 보석으로 사용되기도 합니다. 물론, 가장 대표적인 사용 방법은 주 성분인 금속 원소 바륨(barium, Ba)을 얻는 데 사용하는 것입니다. 유황 무기에 중정석이 혼합된 이유와 전체적인 역할은 화학 반응식으로 명확히 이해할 수 있습니다.[6]

$$BaSO_4 \text{ (s)} \rightarrow BaO \text{ (s)} + SO_2 \text{ (g)} + \tfrac{1}{2}O_2 \text{ (g)}$$

황산염(SO_4^{2-})의 형태로 황을 포함한 중정석은 열에 의해 안정한 산화 바륨(BaO)으로 변화하며 이산화 황 기체와 산소 기체를 발생시킵니다. 이산화 황은 처음부터 황의 연소로부터 목표했던 결과물이며, 부가적으로 생성되는 산소는 피치의 연소나 황의 연소를 도와 더욱 효과적으로 화학 반응을 이어나가게 됩니다.

중정석을 혼합하는 발상을 어떻게 해냈을지 신기하기도 합니다. 하지만 자극적인 냄새를 통해 확인할 수 있는 이산화 황의 발생은 당시 사람들도 중정석이 포함된 금속과 광물을 정련하는 과정에서 눈치 챌 수 있었을 것입니다. 중정석의 가열에서 산소가 발생한다는 숨겨진 사실까지는 당시에 알아낼 수 없었을 테지만, 중정석이 섞여 들어가면 연소가 더 빠르고 강하게 일어나는 현상은 충분히 발견되었을 것입니다.

중정석은 얇은 판 모양의 결정이 얼기설기 교차된 모양 때문에 북아프리카, 지중해 연안, 그리고 아라비아 지역에서 사막 장미(desert rose), 모래 장미(sand rose), 사하라 장미(Sahara rose) 등으로 불립니다. 중정석과 매우 유사한 형태를 갖는 사막 장미의 한 종류가 석고(gypsum)입니다.[7] 움직이지 않도록 고정이 필요한 골절상에서 치료를 위해 두터운 석고 붕대로 감싸 굳히는 방식을 깁스(gips)라 하는데 깁스라는 용어 자체가 독일어로 석고를 뜻합니다. 석고는 사막 장미의 성분이자, 화합물 명칭으로는 황산 칼슘($CaSO_4$)에 해당합니다. 중정석과 마찬가지로 황산염 화합물이기 때문에, 가열한다면 산화 칼슘(CaO) 고체와 함께 이산화 황, 그리고 산소를 발생시키게 됩니다.

중정석

역사적으로 기원전 300년의 전장에서 사용된 것이 중정석일지 석고일지 정확하게 판단하기는 어렵습니다. 이 둘은 모두 해당 지역에서 손쉽게 확보할 수 있는 광물이었으며, 형태와 특징이 유사하고, 유황 발연 무기에서 동일한 화학 반응을 일으킵니다. 하지만 정확한 진위를 떠나서 유황, 역청, 황산염은 다음 세대의 본격적인 화염 방사 무기로 발전하는 시작점이 됩니다.

물을 부어도 꺼지지 않는 불

유황 연소를 통한 발연 무기는 소이(燒夷)무기보다는 초기 화학무기
로 구분될 수 있습니다. 유사한 예로 한니발이 낙타 분변에서 모은
암모니아(ammonia, NH₃)와 석회 가루를 혼합해 만들었던 최루 가스
나 웃음 가스를 로켓과 함께 전쟁에서 사용했던 사실이 있습니다.
의도적인 화재를 일으키기 위해 화살에 역청이나 기름을 묻혀 만들
었던 불화살이나 전갈 독 혹은 식물 독을 묻혀 날리던 독화살이 또
다른 이차적 피해 유발 무기의 예입니다. 하지만 이들 모두는 화학
반응을 일으키고 화살이나 로켓을 통해 그 위치를 물리적으로 날려
보낸 것뿐입니다. 본격적인 소이무기의 시작은 '그리스의 불(Greek
fire)'이라는 이름으로 알려진, 비잔티움(Byzantium) 방어의 핵심 요소
였습니다.[8]

　무기가 그리스의 불이라는 이름을 갖게 된 것은 앞서 살펴본 펠
로폰네소스 전쟁에서 목재로 이루어진 성벽을 불태우기 위해 사용

했던 유황 연소 무기에 근본을 두고 있기 때문입니다. 본격적으로는 678년 소아시아 서북부 시지쿠스(Cyzicus)에 거점을 둔 우마이야 왕조의 창건자 무아위야 칼리프의 아랍 함대로부터 콘스탄티노플을 방어하기 위해 동로마제국에서 사용한 것으로 알려져 있습니다. 당시 통치자였던 콘스탄티노스 4세는 아랍 함대에 대항하기 위해서 배를 불태울 수 있는 새로운 무기를 발명할 것을 명령했습니다. 그리고 아랍에 점령된 시리아에서 탈출해 동로마제국에 합류한, 그리스의 건축가이자 기술자 칼리니코스가 그리스의 불의 초기 형태를 완성합니다.[9]

로마의 불, 전쟁의 불, 바다의 불, 또는 개발자의 이름을 따 칼리니코스의 불이라고도 알려진 그리스의 불은 '액체 불' 혹은 '끈적이는 불'이라는 이름으로부터 그 특징을 짐작할 수 있습니다. 678년 침공한 아랍 함대에게 사용된 그리스의 불은 황, 석유, 그리고 역청에 몇 가지 새로운 조합이 이루어진 것으로 추정됩니다. 특히, 원유의 분리가 가능해지기 시작한 만큼, 나프타(naphtha)라 불리는 덜 정제된 가솔린이 사용되어 효과가 커졌습니다. 사막 장미에 포함된 황산 칼슘의 연소에서 발생하던 고체 물질인 생석회(quicklime)도 끝없이 타오르는 그리스의 불을 만들어내는 데 중요한 역할을 합니다. 산화 칼슘으로 이루어진 생석회는 물을 흡수하는 성질이 있습니다. 또한, 물을 흡수하는 과정에서 부피가 늘어나며 주위로 열을 발생시켜 온도를 높이기도 합니다. 그리스의 불이 단순히 불을 붙여 던지는 식의 무기가 아닌, 본격적인 소이무기로 구분되는 것은

그리스의 불은 아랍 함대를 불태워 콘스탄티노플을 지켜내는 데 사용된 고대 발화 무기다.

물을 부어도 불이 꺼지지 않는다는 데 있습니다. 물을 뿌리면 주위로 더 빠르게 번지고 바닷물 위에서도 불이 번져 배에 옮겨 붙는 특징은 유류 화재를 떠올리게 하는데, 물 위에 뜨는 나프타를 비롯한 정제 원유 성분과 생석회의 발열이 작용했을 것으로 추측됩니다.[10]

그리스의 불은 왜 잘 안 꺼질까?

지금까지 알려지기로는 그리스의 불의 대표적인 특징은 연료의 구성 물질과 작동 원리를 추측하는 데 더 많은 실마리를 제공해줍니다. 특징은 다음 네 가지로 살펴볼 수 있습니다.

첫째, 물에서도 불이 꺼지지 않았으며 소변, 모래, 그리고 식초에 의해서는 사그라든다.

둘째, 액체의 형태를 갖는다.

셋째, 전함 앞머리에 설치된 튜브나 사이펀을 통해 분사된다.

넷째, 발사될 때 굉음과 연기가 발생한다.

촛불이나 모닥불 등 작은 불을 꺼본 경험이 있다면, 그리고 연소 반응의 구성과 원리에 대해 찾아본 적 있다면 쉽사리 이해되지 않는 특징일 수밖에 없습니다. 물질이 연소하기 위해서는 세 가지 요인이 필요하다는 사실을 기억할 수 있습니다. 탈 수 있는 물질, 산소의 공급, 그리고 발화점 이상의 온도입니다. 불의 3요소라고도 언급되는 이 세 가지 요건이 충족되지 않는다면 불은 절대 생겨나거나 타오름이 유지될 수 없습니다. 반대로 불을 꺼뜨리는 가장 일반적인 방식은 물을 뿌려 온도를 급격히 낮추거나 두터운 담요를 덮어 산소를 차단하는 것입니다. 조금 바꿔 생각한다면, 탈 수 있는 물질에 불이 붙어 연소 반응이 일어나고 있을 때 계속해서 산소를 공급하고 온도를 유지해준다면 불은 꺼지지 않고 타오를 것입니다. 심지어 물속에서도 말입니다. 《리비우스 로마사》에도 '바쿠스(Bacchus, 그리스 신화의 디오니소스)의 여사제를 물에 담가도 불은 꺼지지 않았다. 석회와 황의 혼합물이었다.'라는 대목이 있습니다.

올림픽 성화 봉송은 비가 오거나 눈이 와도 꺼지지 않아야 합니다. 행사가 끝나 폐회가 이루어지기까지의 긴 시간 동안 꺼지지 않는 것은 기화된 상태의 탄화수소 연료가 산소와 함께 꾸준히 공급되기 때문인데, 보다 인상 깊은 성화 봉송을 위해 잠수복을 입은 전달자가 물속에서 불을 옮기는 장면도 연출될 수 있습니다. 연소를 돕는 또 다른 예로 금속 원소인 마그네슘(magnesium, Mg)을 들 수 있습니다. 마그네슘은 매우 강한 빛과 열을 방출하며 연소하는 것으로 유명합니다. 과거에는 사진 촬영 시 사용하는 플래시를 작은 마그네슘 조각을 태우는 방식으로 사용하기도 했을 정도입니다. 마그네슘 금속 조각에 불을 붙여 물속에 떨어뜨리면 무려 2200℃에 달하는 고온을 발생시켜 연소하기 충분한 온도를 만들어냅니다. 또한, 마그네슘이 물과 닿으면 수산화 마그네슘($Mg(OH)_2$)으로 변화하며, 동시에 폭발성이 있다 알려진 수소 기체를 발생시켜 연소를 돕습니다.[11]

$$Mg\ (s) + 2H_2O\ (l) \rightarrow Mg(OH)_2\ (s) + H_2\ (g)$$

이처럼 물에도 꺼지지 않는 불이란 실재하며, 화학 반응들을 통해 충분히 설명됩니다. 그 외에도 칼리니코스는 사람이나 동물의 뼈를 소변에 넣고 끓이는 작업을 통해 인화 칼슘(Ca_3P_2)을 만들어냈다는 이야기도 있습니다. 칼슘 섭취가 뼈 건강에 도움이 된다는 이야기가 있듯, 칼슘은 동물의 뼈를 이루는 가장 중요한 원소이자 체내에서 가장 풍부한 원소 중 하나입니다. 인(phosphorus, P)은 '빛을 가져오는 자'라는 원소명의 유래처럼 인광(phosphorescence) 현상을 일으키기도 하고, 간단히 불이 붙기도 합니다. 성냥 머리의 발화물질로 사용되는 적린이 대표적인 인의 종류이며, 적린의 승화 반응을 통해 만들어질 수 있는 연노란색의 백린(白燐)은 심지어 점화 과정 없이 공기 중에 노출시키는 것만으로도 격렬하게 불탑니다.[12] 인체 내에 존재하는 인과 칼슘의 반응으로 간단히 인화 칼슘이 만들어지고 인체 자연발화와도 같은 미스터리가 일어날 것이라 오해할 수 있으나, 체내에 존재하는 인은 발화와는 거리가 먼 인산(H_3PO_4)과 인산염(PO_4^{3-})의 형태입니다.

인화성 기체가 위험한 이유

앞서 살펴보았던 산에 대한 정의를 기준으로 한다면 인산은 수소 양이온을 내놓을 수 있는 형태이기 때문에 산으로 구분해야 합니다. 심지어 인산은 주위로 내놓을 수 있는 수소가 무려 세 개나 존재합니다. 강산의 대명사인 황산(H_2SO_4)이나 음료에도 포함되는 탄산(H_2CO_3)과 마찬가지로 인산은 여러 개의 양성자(수소 양이온과 동일한 의미)가 떨어져 나올 수 있는 다(多)양성자성 산에 해당합니다. 인산은 모든 수소가 결합된 화합물 형태(H_3PO_4)에서 시작해, 하나($H_2PO_4^-$), 둘(HPO_4^{2-}), 그리고 세 개의 수소가 모두 해리된 형태(PO_4^{3-})가 공존할 수 있습니다. 바꿔 말한다면 인산은 다양한 개수의 수소 양이온을 다시금 잡아두거나 내놓을 수 있는 유연한 특성을 갖는 물질이라 할 수 있습니다. 이 특성을 활용해 인체는 체내 수소 이온 농도(pH)를 적절한 수준으로 유지할 수 있으며 우리가 사용하는 생리식염수 또한 각 인산염의 양을 조절하여 체액과 동일한 특성으로 제조될 수 있는 것입니다.

뼈와 소변을 함께 가열한다면 뼈에 중성 상태로 존재하는 고체 칼슘과 다양한 종류의 인산염들이 화학 반응을 일으킬 것입니다. 편의상, 모든 인산이 수소를 최대한도로 보유 중인 상태(H_3PO_4)만으로 가정한다면 다음과 같은 화학 반응식으로 표현할 수 있습니다.[13]

$$Ca\ (s) + H_3PO_4\ (aq) \rightarrow Ca_3(PO_4)_2\ (aq) + H_2\ (g)$$

수소 기체는 반응에서 생겨나는 부산물에 해당하며 우리의 목적은 생성된 인산화 칼슘($Ca_3(PO_4)_2$)입니다. 이 상태로는 인이 이미 다량의 산소와 결합하고 있어 안정하기에 연소나 발화, 폭발을 기대하기는 어렵습니다. 금속이나 광물이 산소와 결합해 산화가 이루어지면(녹이 슬면) 더 이상의 변화가 일어나지 않는 것을 떠올릴 수 있습니다. 이는 곧 인산화 칼슘에서 산소를 제거해 언제든 다시 화학 반응을 일으킬 수 있는 잠재력 높은 물질로 변환시켜주면 해결될 것입니다. 금속 산화물로 존재하는 철광석에서 순수한 철을 얻는 정련(smelting) 과정에 탄소로 이루어진 코크스를 넣는다는 사실을 생각해본다면, 다음 과정도 간단히 예상할 수 있습니다. 바로 숯가루 등의 형태로 탄소를 넣고 열을 가하는 탄소열(carbothermal) 환원을 일

으키는 방법입니다.[14]

$$Ca_3(PO_4)_2 \text{ (aq)} + 8C \text{ (s)} \rightarrow Ca_3P_2 \text{ (s)} + 8CO \text{ (g)}$$

공통적인 항을 포함하는 연립 방정식을 연상시키듯, 화학식만 써놓고 본다면 매우 간단한 두 개의 연속적인 반응이지만 당시에는 어려운 작업이었음에 틀림없습니다. 만들어진 인화 칼슘은 물과 화학 반응하면 안정한 수산화 칼슘의 형성과 더불어 포스핀(phosphine)이라 불리는 인화 수소(PH_3)를 다량 발생시킵니다. 인화 수소는 그 자체로 높은 독성을 가지고 있는 인화성의 기체입니다. 그리고 인화성 기체는 그리스의 불의 효율과 유용성을 확실히 향상시킬 수 있었을 것입니다. 인화 칼슘은 '물질 안전 보건 자료(Materials Safety Data Sheet, MSDS)'에도 '물과 위험한 반응을 일으킨다'라고 위험성 표기가 되어 있습니다. 또 오늘날에도 인화 칼슘은 어뢰(torpedo)에 사용되는 등 물과의 접촉에 의해 기폭되는 다양한 탄약에 사용되는 만큼 그리스의 불을 위해서도 최고의 선택이었을 것입니다.

$$Ca_3P_2 \text{ (s)} + 6H_2O \text{ (l)} \rightarrow 3Ca(OH)_2 \text{ (aq)} + 2PH_3 \text{ (g)}$$

타오르는 황, 물에 섞이지 않는 나프타 연료, 끈적이고 불이 잘 붙는 역청, 독성 기체와 산소를 뿜어내는 황산염 광물, 물을 빨아들이고 대신 열을 뿜어내는 생석회, 그리고 물에서도 불을 일으키는 인화 칼슘까지 그리스의 불은 모든 구성이 완벽합니다. 어느 순간 기록과 전승이 완전히 단절되어 이제는 누구도 정확한 그리스의 불의 구성요소와 배합을 알 수는 없습니다.[15] 하지만 정보들로부터 추측된 재료만으로도 그리스의 불은 그 목적을 완벽히 달성하는 데 걸맞은 첨단 무기였던 것으로 보입니다.

717년 발생한 아랍 함대의 재침공에서는 조금 더 개량된 형태의 그리스의 불이 사용되었습니다. 이전까지 투척 무기 형태로 사용되던 소이무기들은 현대 화염방사기와 유사한 형태로 발전합니다. 그리스의 불이 단순히 불을 붙이거나 옮기는 용도였다면 역사적인 가치가 매우 높지는 않았을 것입니다. 후기 형태에서는 가열과 공기 압력을 이용해 튜브(혹은 사이펀)을 통해 분사하는 방식으로 개량되었습니다. 매우 기계적이고 복합적인 형태였으며, 전략 정보의 유출을 경계해 상세한 방법을 기록하지는 않았기 때문에 동로마제국 멸망 이후 소실되었지만 말입니다. 실제로 불가리아인들에 의해 814년 36개의 사이펀과 연료가 노획된 바 있으나, 구동하는 데 실패한 것으로 보아 비전 기술과 복합적인 기계장치가 사용되었을 것으로 추정됩니다.[16]

꽝음의 발생에 대한 언급을 바탕으로 화약의 주재료인 질산 포타슘(초석, KNO_3)이 포함되어 있으리라는 가설도 있었으나, 화약의 발명과 사용은 긴 시간이 지난 후에 이루어졌기에 잘못된 해석이라는 의견도 많습니다. 화약의 폭발과 인화성 물질의 연소는 사뭇 다른 형태의 화학 반응에 해당합니다.

그리스의 불의 발명과 구성, 사용에 대한 이야기들은 역사적 자료와 설화로만 남아 우리의 흥미를 자극합니다. 하지만 중요한 점은 그리스의 불이 인류사에 미친 영향이 '역사에 만약이란 없다'라는 격언을 뒤로하고 한 번쯤 상상해볼 정도로 거대하다는 데 있습니다. 그리스의 불은 콘스탄티노플의 수비를 수백 년간 가능하게 했으며, 몰려드는 이슬람의 파도에서 마지막 방어벽이 되어 기독교와 비잔틴 제국, 심지어 전 유럽을 지켜내는 데 성공했습니다.

연소를 더 잘 이용할 수는 없을까?

칼과 창, 화살로 투쟁하던 냉(冷)병기 시대는 어느덧 화기에 스러졌으며 이제는 총과 폭탄을 넘어 첨단 무기 체계로 변화하고 있습니다. 그리고 불에 의한 화상은 인간이 경험할 수 있는 가장 고통스러운 감각을 유발한다고도 알려져 있습니다. 결국, 화상의 유발과 소사(燒死)는 전력의 손실은 물론 심각한 사기의 저하를 유발할 수 있습니다. 화염은 수풀이나 동굴에 잠복한 적의 격멸은 물론이고 지형지물과 위험성 곤충류를 일거에 제거할 수 있어 아열대 밀림이나 평원에서 유용한 선택지였습니다.

화학의 발전과 반응에 대한 이해가 진보함에 따라 연소와 관련된 새로운 기술들이 계속 개발되었습니다. 감금된 공간에서 자력으로 탈출하는 장면을 다루는 영화나 드라마에서 간혹 보이는 테르밋(Thermite, 써마이트라고도 불립니다)이 그 시작입니다.[17] 녹슨 철의 겉면을 긁어모으고 알루미늄으로 제작된 자전거 프레임이나 도구를 갈아내 분말을 섞어 불을 붙이는 장면으로 묘사되곤 하는데, 이때 3000℃에 가까운 초고온 불꽃이 발생합니다.

$$Fe_2O_3 (s) + 2Al (s) \rightarrow Al_2O_3 (s) + 2Fe (s)$$

금속 원소의 종류에 따라 전자를 잃는 산화나, 반대로 전자를 얻는 환원이 일어나는 정도는 다릅니다. 철과 알루미늄을 비교한다면, 철은 알루미늄에 비해 환원되기 쉬우며, 반대로 알루미늄은 철보다 산화되기 쉽습니다. 테르밋 반응의 경우 철은 이미 산화된(녹슨) 상태이며 알루미늄은 환원된 금속 상태이기 때문에 조건만 맞는다면 각자가 원하는 화학 반응을 일으킬 수 있습니다. 점화시켜 화학 반응이 일어나기 적합한 환경만 만들어주면, 철로부터 알루미늄으로 산소가 이동하며 엄청난 에너지를 발산합니다. 테르밋 반응은 철도 용접 등 초고온이 필요한 산업 분야에서 사용되며, 영화 〈터미네이터〉에서도 T-888의 합금 골격을 제거하는 모습으로 다루어졌습니다.

전쟁의, 전쟁에 의한, 전쟁을 위한

그리스의 불로부터 발전한 인화 물질을 이용한 소이탄의 대표주자로는 네이팜탄이라 불리는 젤리형 폭발물질을 꼽을 수 있습니다.

고유명사로 쓰이는 네이팜(Napalm)이라는 용어는 그 구성 물질들로부터 유래했는데,[18] 휘발성 연소재인 나프타와 증점제인 야자(palm)유가 핵심입니다. 최근에는 나프텐산 알루미늄(aluminum naphthenate)이나 팔미트산 알루미늄(aluminum palmitate)이 사용되며, 스티로폼을 만드는 데 사용되는 폴리스타이렌(polystyrene)을 이용하기도 합니다. 그리스의 불이나 일반적인 흑색 화약, 또는 고체 폭약의 한 종류인 질산 암모늄 경질유 혼합탄(ANFO)과는 다르게 매우 다양한 연료의 배합이 가능하여 특정한 하나의 전형적인 제조법이 존재하지는 않습니다.

그리스의 불을 참고해 간략히 네이팜탄을 제조하기 위해서는 실험실에서 사용되는 다양한 탄화수소 물질들인 펜테인(C_5H_{12}), 헥세인(C_6H_{14}), 옥테인(C_8H_{18})과 효율적인 연소를 위한 황, 그리고 산화제이자 물과 조합 시 열을 발생시킬 수 있도록 하는 산화 칼슘을 사용할 수 있습니다. 추가로 점성이 있는 반고체 연료인 역청을 혼합해서 제조가 가능하며 효과적인 젤 형성이 가능합니다(실제 사용되는 네이팜 제조법입니다). 물과 혼합되지 않는 유기물 기반 연료로 이루어져 있기에 네이팜탄은 물을 부어도 잘 씻겨 나가지 않고 꺼뜨리기도 어렵습니다.

에너지를 매우 짧은 시간에 방출하는 폭발과는 다르게 소이무기는 점성 연료의 지속적인 연소로 독성을 장시간 동안 방출할 수 있습니다. 일반 폭약이 발휘하는 부피 팽창을 통한 충격파보다는, 주위의 산소를 모두 소진시키고 탄소 연료의 불완전 연소로부터 발생하는 독성 일산화 탄소 발생을 통해 질식사 또는 중독사를 유발할 수 있는 것입니다.

소이무기의 시작부터 발전 과정, 그리고 현재에 이르기까지 그 목적은 방어와 침공을 막론하고 전쟁과 관련이 있었습니다. 독가스나 연막과 마찬가지로 소이탄은 불살라 없앤다는 목적을 더욱 효과적으로 달성하기 위해 진보했습니다. 다른 인간의 목숨을 효율적으로 빼앗기 위해 불을 사용하는 것은 분명 윤리적 또는 도의적 관점에서 부정적인 요소가 있을지도 모릅니다. 하지만 수많은 전쟁에서 기술과 문화, 문명이 뒤섞이며 인류사가 발전해온 것처럼, 효율적인 무기를 고안하는 도중에 이루어진 과학의 진보 역시 무시할 수 없습니다. 분명한 사실은 플라타이아이에서의 유황 연기, 콘스탄티노플을 밝힌 그리스의 불, 그리고 한국전쟁에서의 네이팜 공습까지 역사 속 중요한 순간에서 화학물질과 연소는 하나의 전환점을 만들어왔다는 것입니다.

산화와 환원이라는 한 쌍

산화와 환원을 화학적으로 표현하는 방식은 다양합니다. 산소의 출입을 기준으로 삼는지, 수소의 출입을 통해 살피는지, 또는 전자를 기준으로 하는지 등을 볼 수 있습니다. 산소나 수소에 국한된다면 산화와 환원은 몇몇 원소나 물질에만 일어나는 화학 반응으로 생각될 수도 있지만, 원자의 최외각 전자가 물질의 특성을 결정짓고 화학 반응을 좌우한다는 사실을 생각한다면 산화와 환원의 범위는 예상보다 더 넓어집니다.

염화 소듐을 이루는 두 종류의 구성요소인 소듐 양이온(Na^+)과 염화 이온(Cl^-)은 각각 전하를 띠지 않는 중성 상태의 안정한 원소인 소듐과 염소에 근원을 둡니다. 전자를 하나 잃어버리며 양이온으로 바뀌는 소듐은 산화 반응이 일어난 것이고, 반대로 전자를 하나 얻은 염소는 환원 반응이 일어난 것입니다. 마찬가지로 철(Fe)이 산화된다면 철 양이온(Fe^{2+} 또는 Fe^{3+})으로 변화합니다. 생성된 철 이온들은 전하를 띤 상태로 안정하게 홀로 남아 있을 수는 없기에 지구에 풍부하게 존재하는 산소와 결합된 형태로 산화 철(FeO, Fe_2O_3, 또는 Fe_3O_4)이 됩니다. 그런데 철의 양전하를 상쇄시키기 위해서는 산소가 음이온(O^{2-})의 형태, 즉 전자를 얻어 환원된 형태가 이루어져야 합니다. 전자를 잃어버린 원자와 전자를 얻은 원자가 서로 결합한다니 산화와 환원이 서로 붙어 있어야 할 것 같은 느낌이 듭니다. 이처럼 산화와 환원은 독립적으로 발생하지 않고, 언제나 산화되는 물질 주위에는 환원되는 물질이 짝지어집니다.

철을 비롯한 다양한 금속들이 산소에게 전자를 넘겨주며 산화물을 이루면 녹이 슬게 됩니다. 금속의 녹은 느리게 진행되는 산화–환원 반응의 결과물이라 할 수 있죠. 빠른 산화–환원 반응의 대표적인 경우는 역시 산소와 결합하며 빛과 열을 내는 연소 반응입니다. 이들 모두 산화와 환원이 동시에 일어나지만, 우리가 관심 있게 보는 대상은 녹스는 금속이나 타오르는 연료이기 때문에 산화만을 이야기하곤 합니다. 하지만 산화와 환원은 언제나 한 쌍으로 일어납니다.

위험하고 치명적인
화학무기의 존재 이유는
무엇일까?

유포르비아 레시니페라부터
DDT까지

눈물을 쏙 빼게 해주마

인간은 더욱 효과적으로 전쟁에서 승리하기 위해 여러 형식의 무기를 만들어왔습니다. 단단하고 날카로우며 균형 잡힌 무기를 만드는 과정에서 물리학과 재료 화학 등의 과학이 발전해왔습니다. 시간이 지나며 칼을 휘두르거나 화살을 날리는 물리적인 대응보다 더 광범위하고 간편한 목적 달성을 위해 불꽃과 화약, 폭발물이 탄생했습니다.

화약과 폭발물이 개발되고 화학 반응의 조합은 더욱 중요해졌습니다. 원자폭탄과 핵폭탄, 레이저 무기나 레일건, 무인 드론 등이 과학 기술의 발전에 따라 생겨났고 누군가의 목숨을 빼앗기 위한 무기들은 계속해서 쏟아져 나오고 있습니다. 하지만 파괴가 인류의 본질적인 목표가 아니라서, 불필요한 희생 없이 타인을 제압하기 위한 목적으로 마비나 혼절, 방향감각 상실 등을 가능케 하는 무기도 개발됐습니다. 호신이나 진압을 목적으로 최루(lachrymation)는 가

장 오래되었으며 효과적인 대응입니다.[1]

최루(催淚)는 눈물이 흐르도록 만든다는 뜻입니다. 고추나 후추와 같이 맵고 자극적인 향과 맛을 갖는 물질이 가루의 형태로 눈이나 코의 점막에 접촉하면, 우리는 극도의 이질감과 고통을 느끼며 눈물과 콧물을 흘리게 됩니다. 물체가 연소할 때 발생하는 매캐한 연기를 흡입할 때, 혹은 마늘이나 양파 등의 채소를 다듬는 과정에서도 같은 경험을 일상적으로 하곤 하니 그다지 유별난 일은 아닐지도 모릅니다. 참고자 하는 의지와 무관하게 눈물이 흐르게 만들어 시야를 차단하고 정확한 행동을 봉쇄하는 것이 최루의 최종 목적이자 결과입니다.

최초이자 최강의 최루 물질은 북아프리카의 모로코에서 발견되었습니다. 모로코의 아틀라스 산맥 사막 지대에 서식하는 유포르비아 레시니페라(*Euphorbia resinifera*)라는 학명을 달고 있는 선인장인 백각기린(白角麒麟)이 이야기의 시작이 됩니다. 하나의 밑동에서 백 개의 뿔처럼 수많은 선인장 줄기들이 돋아난 형태로 생장해 백각기린이라는 이름을 가지고 있는 이 다육 식물은, 국내에서도 관상용으로 어렵지 않게 구할 수 있습니다. 복어에게는 테트로도톡신(tetrodotoxin)이라는 유명한 맹독이 있듯이 백각기린을 잘랐을 때 흘러나오는 하얀 수액에는 레시니페라톡신(resiniferatoxin)이라는 화학물질이 함유되어 있습니다. 다소 낯선 명칭이지만 독소를 뜻하는 톡신(toxin)이라는 접미어로부터 짐작할 수 있듯 레시니페라톡신은 인체에 유해하게 작용할 수 있는 화학물질이며 백각기린이 자체적으

로 만들어내는 물질입니다.[2]

캡사이신과는 비교도 안 되는 불맛

인간이 느낄 수 있는 다양한 미각 중 매운맛과 떫은맛은 미각이라기보다는 피부가 느끼는 감각이라 밝혀져 있습니다. 덜 익은 감이나 바나나 껍질, 밤의 속껍질과 도토리 등에 다량 함유된 타닌(tannin)이라는 폴리페놀 분자가 떫은맛의 주원인입니다. 구강 내에서 타닌이 작용해 프롤린(proline)이라는 아미노산의 한 종류가 풍부하게 존재하는 단백질이 뭉쳐 쌓이게 되면 이로 인해서 구강 근육이 수축해 촉감이 생깁니다.

매운맛은 완전히 다른 방식으로 작동합니다. 피부의 통각 신경 가지에 있는 수용체(receptor)에 매운맛 분자가 결합하며 우리 몸은 통증을 느끼게 됩니다.[3] 매운맛 분자는 고추에 함유된 캡사이신(capsaicin)이라는 화합물이 가장 대표적입니다. 캡사이신은 타는 듯한 느낌으로 분명 고통을 주지만, 신경 세포의 재생을 돕고 스트레스를 해소하며 쾌감을 느끼게 하는 신경 전달물질인 엔도르핀의 분비를 촉진해 일종의 중독을 유발하기도 합니다. 맵고 자극적인 맛에 매료되는 이유가 여기에 있습니다. 높은 카카오 함량의 다크 초콜릿이나 적포도주에도 타닌이 풍부하여 혀에서 느껴지는 독특한 식감과 감촉으로 사랑받기도 합니다.[4,5]

레시니페라톡신은 백각기린 수액에 함유된 최루성 독이다.

독과 약은 동일한 것이며 단지 양에 의해 달라진다는 파라켈수스(Paracelsus)의 말처럼, 매운맛이나 떫은맛 역시 정도에 따라 기호식품에 쓰일 수도 있는가 하면, 독이 되어 생명을 위협할 수도 있습니다. 매운 정도를 수치화하기 위해 1912년 화학자 윌버 스코빌(Wilbur Scoville)이 스코빌 지수를 제안했습니다. 이 지수를 기준으로 살펴보면 레시니페라톡신이 어째서 최초 최강의 최루 물질인지 절실히 느낄 수 있죠.[6]

스코빌 지수는 의외로 아주 기초적이면서도 간단한 방법으로 측정됩니다. 매운맛의 정도를 확인하고 싶은 물질을 물(혹은 설탕물)에 희석하며 맛보고, 실험에 참여한 인원들이 모두 매운맛을 느끼지 못하는 순간의 희석 정도를 기록하는 것입니다.[7] 매울수록 더 많은 희석이 필요할 수밖에 없고, 희석 정도를 나타내는 스코빌 지수는 크게 나타나게 됩니다. 예를 들어, 우리나라의 재배되는 품종 중 가장 맵다고 일컬어지는 청양고추의 경우 최소 4000배에서 최대 1만 2000배 부피로 희석하면 그제서야 매운맛이 느껴지지 않게 됩니다. 청양고추의 스코빌 지수는 4000~1만 2000SHU(Scoville Heat Unit)로 나타낼 수 있습니다.

한편 멕시코의 유명한 매운 고추 품종인 아바네로(Chile habanero)는 10만~30만 SHU이며, 가장 매운 고추로 2013년 기네스에 등재되었던 캐롤라이나 리퍼(Carolina reaper)는 평균 156만 9300SHU에 최대 220만 SHU에 달합니다. 이 수치를 환산하자면, 캐롤라이나 리퍼 압착액 단 한 방울을 최소한 110L의 물에 희석해야만 비로소 맵지 않다는 이야기와 같습니다. 이 정도 수치가 되면 먹고 매운맛을 즐기는 범위는 이미 벗어난 수준이 아닐까요. 오히려 품종 개량을 통해 더 매운 고추를 만들어내 기록을 경신하는 것이 관심사가 되어버렸습니다. 현재는 페퍼X라는 고추가 318만 SHU로 가장 매운 고추로 기네스에 올라 있습니다.

하지만 생체 무기가 아닌 이상에야 수분이나 기타 영양성분이 함께 있는 채소가 순수한 화학물질보다 맵기는 절대 불가능합니다. 순수한 캡사이신은 무려 1600만 SHU이며, 캡사이신으로만 만든 1600만 SHU에 달하는 핫소스나 1200만 SHU나 된다는 과자도 출시되고 있습니다. 그리고 레시니페라톡신은 무려 160억 SHU로 순수한 캡사이신의 1000배입니다.

캡사이신은 TRPV1(transient receptor potential vanilloid 1)이라는 수용체를 통해 온도의 형태로 통증을 느끼게 합니다. 뜨거운 작열통(灼

熱痛)의 형태로 매운맛이 느껴지는 이유가 여기 있습니다.[8] 레시니
페라톡신 역시 캡사이신과 똑같이 TRPV1에 작용하며 인체 내에
서 칼슘 이온(Ca^{2+})이 마음껏 이동하도록 통로를 열어 신경을 파괴
합니다.[9] 맛으로 통용될 수준의 통증을 넘어서기에 피부 접촉만으
로도 고통을 느끼게 되며, 섭취 시 맛을 느끼기 전에 쇼크사를 유
발하거나 영구적인 미각 상실을 초래하기도 합니다. 백각기린에 대
한 역사적 사실은 플리니우스(Gaius Plinius Secundus, 23-79)의 《박물지
(Naturalis Historia)》에서 찾아볼 수 있습니다.[10]

> '이 식물의 특성은 매우 강력해 수액을 모으는 사람들은 상당한 거리
> 를 두고 서 있어야 한다. 쇠로 된 긴 장대를 이용해 상처를 내고 수액
> 은 아래 놓인 가죽 주머니로 흘러들게 한다. (중략) 아무리 살짝 맛을
> 보아도 입안에 타는 듯한 느낌을 남긴다. 이는 상당 시간 지속되며,
> 계속해서 심해지고 목구멍이 바짝 마르는 것 같다.'
>
> - 플리니우스의 《박물지》 25권 38장

아랍의 외교관이자 탐험가였던 레오 아프리카누스(Leo Africanus,
1494-1554)는 케이로시폰이라는 표현을 통해서 백각기린 수액을 분
사해 공격하는 방법을 설명합니다. 그리스의 불을 분사하는 병종을
일컫는 말이기도 했던 케이로시폰은 백각기린 수액을 말린 후 가루
로 만들어 분사하는 데도 쓰였습니다.[11] 그리스의 불이 소이무기의
기초가 되었듯, 레시니페라톡신의 살포는 생화학무기의 시작으로

볼 수 있습니다. 가장 효율적이고 광범위한 무기가 만들어지기 시작한 것입니다.

최루성 화학무기의 시작

인류 역사상 수없이 많은 전쟁이 어디에서나 펼쳐져왔습니다. 역사에 기록되는 기념비적인 전쟁들이 역사의 변곡점을 만들어왔고, 누구도 기억하지 않는 작은 혹은 소수의 전쟁 역시 꾸준히 일어났습니다. 돌에서 도끼로, 창과 칼로, 화살을 넘어 총으로 전쟁의 도구들이 변화해가는 와중에도 일반적으로 성립하는 하나의 규칙이 있었습니다. 세계대전 당시 공중전 결과를 분석하는 과정에서 탄생한 란체스터 법칙(Lanchester's law)입니다.

란체스터 법칙은 싸움, 전쟁, 경쟁 등 공격자와 방어자가 존재하는 상황에서 이들의 힘(병력)을 시간에 대한 함수로 나타내는 미분 방정식을 의미합니다. 기습이나 유격전(guerrilla warfare)을 제외한 정면충돌에서 공격력은 무기의 질과 무기의 숫자의 곱에 비례하며, 결과적으로 다수가 승리한다는 익숙한 결론을 얻게 됩니다. 머릿수 앞에 장사 없다는 말이죠. 란체스터 법칙이 적용되지 않는 특별한 무기나 수단을 바로 비대칭 전력(asymmetric power)이라 구분하며, 핵무기(nuclear), 생물병기(biological), 화학무기(chemical) 등 수적 열세를 일거에 뒤집을 수 있는 것들이 해당합니다. 앞글자를 따 NBC라 표현했으며 우리나라에서는 화학, 생물학, 방사능을 뜻하는 화생방(化生放)이라 일컫곤 합니다.[12]

백각기린과 레시니페라톡신의 경우 특징과 효과만을 살펴본다면 최루성 화학무기에 해당할 것입니다. 당연한 이야기지만 화학무기의 발달은 화학 지식과 기술의 향상을 통해 이루어지게 되었습니다. 본격적인 화학의 발달은 원자와 분자에 대한 개념이 확립되고, 주기율표가 발명되며, 분석 기술과 화학 반응을 조절하는 지식이 충분히 누적된 시점부터 폭발적으로 이루어졌습니다. 더욱이 화학물질의 무기로 사용하는 데 있어서 인간의 신체와의 작용에 대한 이해도 필수였기 때문에, 당시 화학 및 의학 분야에서 앞서가고 있던 독일에서 1914년 첫 성과가 나오게 됩니다.

물과 섞이지 않는 소수성(hydrophobic) 물질이자 가연성이 있어 폭발물 제조에도 사용되는 여섯 개의 탄소로 이루어진 고리형 분자인 벤젠에 두 개의 탄소로 이루어진 사슬 하나가 연결된 분자를 '에틸벤젠(ethylbenzene)'이라 부릅니다. 두 개를 뜻하는 그리스어 에타(etha)를 통해 유기 화합물에 포함된 탄소의 개수와 특징을 전달할 수 있는 것입니다. 에틸벤젠은 휘발유와 유사한 냄새를 갖는 가연성 및 휘발성 물질입니다. 에틸벤젠의 탄소 사슬의 끝에 염소(chlorine, Cl)가, 바로 옆 탄소에 산소가 연결된 화합물이 바로 현대 화학무기의 시작을 알린 클로로아세토페논(chloroacetophenone)입니다.[13] CN가스라 불리는 클로로아세토페논은 최루 효과를 갖는 화학무기였으며, 기체를 뜻하는 가스라는 이름과는 다르게 매우 작은 입자로 이루어진 결정성 고체 분말입니다. 효과는 확실했지만, 물질 자체의 독성이 너무 높아 피해 없이 제압하기보다는 폐 손상이나 호흡기 증후군, 사망을 일으키는 독가스 수준이었다는 점이 문제였습니다.

최루탄의 사용이 법적으로 옳은가에 대해서는 여러 논쟁이 있습니다. 1925년 스위스 제네바에서 체결된 의정서에 따르면 전쟁 중 생물병기와 화학무기를 사용하는 것은 금지되어 있으나 군중 진압에 대해서는 국제 협약을 통해 금지하는 사항이 없습니다. CN가스 역시 폭도 제압용으로 20세기 중반까지는 독성에도 불구하고 사용되었습니다. 하지만 CN가스의 독성 문제는 분명 극복되어야만 할 위험요소였고, 새로운 최루성 화학무기가 발명되며 자연스럽게 해결되었습니다. 발견자의 성(B. Corson & R. Stoughton)에서 명칭이 유래한 CS가스는 클로로벤잘말로노나이트릴(chlorobenzalmalononitrile)이라는 화학물질을 의미하며, CN가스에 비해 독성은 확연히 없지만 10배가량 뛰어난 최루 효과로 현재도 가장 흔하게 사용되고 있습니다. 최루 효과가 물질의 독성이 아닌, 특정한 감각과 신체 반응을 유도하는 물질이라는 점을 다시 한번 기억할 수 있습니다. 우리나라 군 훈련 과정에도 있는 화생방 가스 실습이 바로 CS가스를 사용하는 것입니다. CS가스 역시 이름과는 다르게 기체라기보다는 매우 작은 결정으로 이루어져 있으며, 이것이 눈이나 기도 등 점막에

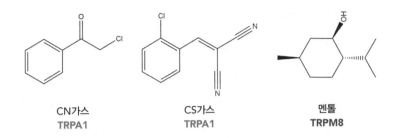

CN가스
TRPA1

CS가스
TRPA1

멘톨
TRPM8

고추가 자극하는 TRPV1 수용체는 뜨거운 통증을, 고추냉이와 관련된 TRPA1 수용체는 차가운 통증을, 그리고 민트와 연관된 TRPM8 수용체는 시원한 촉감을 만든다.

닿으면 몸을 제어하기 힘들 정도의 고통을 느끼게 됩니다.

CN가스와 CS가스, 그리고 유사한 효과의 CR가스는 모두 TRPA1이라는 수용체를 자극하는 방식으로 작동합니다. 캡사이신이 작용하는 TRPV1은 43℃ 이상의 온도를 감각하는 온도 수용체여서, 자극되면 뜨거운 열감과 함께 땀이 흐르고 심장이 빠르게 뛰는 감각을 느끼게 합니다. 반면, TRPA1 수용체는 15℃ 이하의 온도를 감각하며, 고추냉이 수용체(Wasabi receptor)라는 별명을 가지고 있습니다. 고추냉이를 한 덩이 입에 넣었을 때 느껴지는 감각과 같이, TRPA1이 자극되면 기침과 눈물, 콧물이 흐르지만 몸이 불에 타는 것 같은 작열통은 느껴지지 않습니다.[14]

겨자가스에는 겨자가 없다

현대를 살아가는 우리에게도 수많은 사건 사고와 더불어 후대에도 회자될 역사적 이벤트가 수시로 펼쳐지곤 합니다. 작게는 올림픽이나 월드컵과 같은 다국적 행사가 있을 것이고, 우주 탐험을 위한 시험체의 발사라든지 스마트폰, 인터넷 등 첨단 문명의 혁신적 보급도 역사적인 일로 평가할 수 있습니다. 부정적인 이벤트 역시 종종 발생하는데, 그중 가장 거대한 사건 중 하나로 두 번에 걸친 세계대전을 꼽을 수 있겠습니다. 사실상 언젠가 있을지도 모를 제3차 세계대전이 벌어진다면 인류 문명의 종말이나 퇴보가 확정적으로 예상되고 있는 만큼, 앞선 두 차례의 현장에 서 있지 않았던 우리도 그 이름의 무게감을 뼈저리게 느낄 수 있습니다.

세계대전에서 사용된 전략과 무기, 병력과 병참은 광범위합니다. 화학 역시 세계대전 이후에 그 존재감을 가장 마음껏 뽐냈습니다. 전쟁으로 인한 천연고무 공급의 부족을 극복하기 위해 합성 고무를 만들어 타이어를 비롯한 물품을 대체하기 시작했고, 23본부 특수부대 고스트 아미(Ghost army)는 고무로 만든 풍선 전차로 공습을 유도하고 적을 교란하는 기만전술을 펼칠 수 있었습니다. 합성 고분자 섬유인 나일론으로 낙하산을 만들어 노르망디 상륙작전을 성공적으로 수행하기도 했죠. 그중에서도 가장 파급력 있고 많은 매체에서 꾸준한 관심을 받아온 사건은 프리츠 하버(Fritz Haber)의 연구와 화학무기, 노벨상, 그리고 그의 혈통에 대한 역설적인 이야기였습니다.

하버와 보슈(Carl Bosch)가 공기 속 질소를 유용한 자원인 암모니아(ammonia, NH_3)로 변환하는 촉매 반응을 발명한 사건은 인류 역사를 바꾼 대표적인 화학 이야기 주제 중 하나입니다. 질소는 공기 중 78%나 차지하고 있는 가장 흔한 원소임에도, 너무나 안정하다는 단점 아닌 단점 때문에 유용한 화학물질로 변환하는 것이 불가능하다고 알려져 있었습니다. 하버는 철(iron, Fe)과 오스뮴(osmium, Os)을 촉매로 사용해 불가능한 일을 가능하게 만들었습니다. 암모니아는 폭발물 제조에 사용될 수 있는 질산 암모늄의 합성부터 비료의 생산까지 당시 사회·경제가 필요로 한 모든 것을 제공할 수 있었으며, 결과적으로 1918년 노벨 화학상을 수상받아 업적의 중요성을 인정받게 됩니다.

20세기 초부터 현재까지 하버의 노벨 화학상 수상이 합당한가에 대해서는 여러 의견이 부딪히고 있습니다. 암모니아 합성이 인류에 기여했다는 사실은 명백하지만 세계대전에서 독가스로 사용되기도 했으며 암모니아 외에도 여러 독가스 개발을 하버가 주도했기 때문입니다. 하버가 참전한 제1차 세계대전 당시는 제국주의가 팽배한 유럽 정황상 일방적인 가해자가 없어 그 역시 전쟁범죄자로 처벌받지 않았습니다. 이후 반인륜적 학살이 자행된 제2차 세계대전 때는 오히려 유대인이었던 하버가 인종차별로 나치 독일에서 쫓겨나게 됩니다. 역설적으로 나치 독일의 독가스 학살과 화학무기 사용이 유대인인 하버가 개발한 물질들을 이용한 것이었습니다.

제1차 세계대전 당시에는 이미 독성 물질로 알려진 화학물질들이 주로 무기로 사용되었습니다. 합성하기 매우 쉬운 물질이자 풀 향기가 나며, 고분자 합성에도 흔히 사용되는 포스젠($COCl_2$)이 프랑스군에 의해 쓰였습니다. 또한 표백제로 사용되던 염소가스도 국제 사회의 질타를 피하기 위해 매립식 지뢰 형식으로 만들어져 사용되었습니다. 총 130만 명가량의 화학무기 사망자가 집계되었던 제1차 세계대전에서 가장 많은 사망자를 만들어낸 것은 하버가 개발해낸 수포 작용제이자 발암물질이었던 겨자가스(Mustard gas, $S(CH_2CH_2Cl)_2$)였습니다.

겨자가스는 이름과 달리 실제 겨자와는 아무런 관련이 없으며, 살포 전 색상과 냄새가 겨자와 흡사하기 때문에 붙은 이름입니다. 겨자가스는 탄화수소가 주를 이룬 화학구조로 인해 물에는 잘 녹지 않으며 피부의 지방질을 통해 빠르게 흡수됩니다. 체내에 유입된 겨자가스 분자는 유전물질인 DNA에 작용에 세포가 스스로 죽도록 인도합니다. 피부에 화학적 화상을 일으키는 수포(blister, 물집)제이기도 해서 전신에 심한 통증을 유발합니다. 화학무기의 사용으로 너무나 많은 인명 피해가 발생했기에 제네바 협정이 발효되었지만, 그 이후 발발했던 제2차 세계대전에서도 전장을 벗어난 곳에서는 나치 독일에 의해 여전히 화학무기가 사용되곤 했습니다.[15]

독가스가 우리 몸에 들어온다면

세계대전이라는 거대한 전쟁을 거치면서 적을 무력화시키거나 혼란을 유발하려는 최루 기능보다는 본격적인 살상 능력에 초점을 맞춘 화학무기의 발전이 계속됩니다. 다시 말해, 이제는 화학물질로 된 인체 파괴 독을 사용하게 되었고, 우리는 독의 세기를 비교하기 위한 기준 물질을 잘 알고 있습니다. 바로, 청산가리라는 별명으로 더 친숙한 사이안화 포타슘(potassium cyanide, KCN)이 그 기준 물질입니다.

사이안화 음이온(CN^-)과 포타슘 양이온(K^+)으로 이루어진 사이안화 포타슘이라는 화합물은 각각 이온으로 체내에서 간단히 해리됩니다. 물에 소금(NaCl)이 녹아 염소 음이온(Cl^-)과 소듐 양이온(Na^+)으로 분리되는 것과 같은 원리입니다. 사이안산은 또 다른 명칭인 청산(prussic acid)이라 부르기도 하며 포타슘의 독일식 명칭인 칼륨으로 통용되기도 해서 청산가리라는 별칭을 갖고 있습니다.[16]

사이안산 이온은 일산화 탄소(CO) 분자와 같은 형식의 전자 배치를 갖습니다. 이들은 호흡기를 통해 인체 내로 유입되면 산소를 운반하는 적혈구의 기능을 막아 기절 혹은 사망에 이르게도 만듭니다. 피가 붉은색인 이유는 적혈구가 잔뜩 포함되어 있기 때문이며, 적혈구가 붉은색인 이유는 그 안에 들어 있는 헴(heme)이라는 유기 금속(organometallic) 분자 때문입니다. 단순히 피의 색을 나타내기 위함이 아니라, 헴 구조의 정가운데 자리 잡고 있는 철 양이온(Fe^{2+})이 산소를 운반하는 역할을 하기 때문에, 헴은 생존을 위해서는 반드시 정상적으로 기능해야 하는 요소입니다.

문제는 사이안화 음이온이 산소보다도 더 강하게 헴과 결합한다는 데 있습니다. 결국 실제로 산소를 운반할 수 있는 적혈구의 비율은 점차 줄어들 것이고, 뇌를 시작으로 체내 곳곳의 세포와 장기들은 산소를 공급받지 못해 기능을 멈추고 괴사하게 됩니다. 사이안화 음이온과 동일한 구조라 소개했던 일산화 탄소 역시 정확히 같

적혈구 속에 포함된 헴은 산소를 운반하는 핵심이어서 독가스 제조의 대상이 된다.

은 방식으로 작용합니다. 연탄가스 중독이라 불리는 사고가 발생하는 이유가 여기 있으며, 제2차 세계대전 수용소에서의 차량 배기가스의 일산화 탄소를 이용한 학살이 시행된 이유 또한 이와 같습니다. 추가적으로 사이안화 이온은 세포에서 에너지를 만들어내 효소 작용을 포함한 모든 조정이 가능하도록 돕는 미토콘드리아(mitochondria)를 파괴하여 체내 잔여 산소의 활용조차도 못하는 상태가 되어 목숨을 잃게 만듭니다. 청산가리는 단 세 개의 원자로 이루어진 간단한 분자임에도 복합적으로, 확실히 인체를 파괴하기 때문에 대표적인 독의 기준으로 삼게 되는 것입니다.

— 곤충보다 포유동물을 더 위협한 살충제 —

사이안산 포타슘을 황산 등의 강한 산과 화학 반응을 하면 빠르게 기체로 퍼져 나가는 사이안화 수소를 발생시킵니다.

$$2KCN (s) + H_2SO_4 (aq) \rightarrow K_2SO_4 (aq) + 2HCN (g)$$

이렇게 기체 형태로 살포할 수 있어 더욱 광범위한 사용이 가능했지만, 공기 밀도의 94%에 해당해 가라앉지 않고 점점 하늘 위로 올라가 희석된다는 것이 문제였습니다. 사이안 화합물들을 적용하는 데 다시금 프리츠 하버가 그 능력을 뽐냅니다. 유대인으로서 그는 수용소에 끌려가거나 처형당하는 대신 추방당하게 됩니다. 살충제로 사용하려는 목적으로 하버가 발명한 치클론(Zyklon)은 곤충보다 사람을 포함한 포유류에게 굉장한 효과를 보였습니다. 치클론은 물을 만나면 구조가 깨지며 사이안화 수소를 방출하는 화합물인 사이아노포름산메틸(methyl cyanoformate)로 이루어진 치클론A, 그리고 규조토에 사이안화 수소를 흡수시켜 원하는 곳에 설치해 새어나오게 만든 치클론B로 구분됩니다. 이중 치클론B는 아우슈비츠를 포함한 여섯 군데의 절멸 수용소에서 사망한 약 320만 명의 희생자 중 40%가량을 처형하는 데 사용되었을 정도로 비극의 중심에 있는 독가스입니다. 제2차 세계대전에서 나치 독일에 의해 자행된 가장 잔혹한 비극이 아우슈비츠를 비롯한 수용소에서 이루어진 대규모 학살이라고 해도 과언이 아닙니다.

사이안 화합물은 살충제로 사용하기 위해 처음 개발이 시작되었지만, 곤충에 대해서는 큰 효과를 보이지 않았습니다. 사이안산이 헴과 결합해 생체 기능을 파괴하는 능력은 탁월했지만, 혈액과 적혈구를 통한 기체 교환은 포유동물에게나 일어나는 과정이었습니다. 곤충은 기문(氣門, spiracle)이라 알려진 몸의 작은 구멍들을 통해 호흡하며 산소를 체내에 직접 공급합니다. 혈액이 산소 공급에 관여하지 않기에 사이안화 이온에 대한 곤충의 민감도는 인간보다 낮을 수밖에 없었습니다.

나치 독일의 화학무기 개발은 20세기 초 독일의 거대 기업집단이던 이게파르벤(IG Farben)에 의해 이루어집니다. 다른 화학무기와

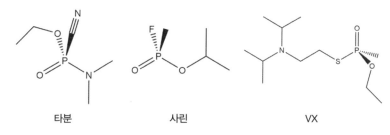

타분. 사린. 그리고 VX는 청산가리의 수백 배 이상의 독성을 갖는 물질이다.

마찬가지로 처음에는 살충제로 개발되었습니다. 물론, 실제 사용 목적은 다르게 변질되어버렸지만 말입니다. 독일에서 개발되어 코드명 G로 구분되는 화학무기들로는 대표적으로 GA인 타분(Tabun, $C_5H_{11}N_2O_2P$)과 현재도 사용되고 있는 사린(SARIN, $C_4H_{10}FO_2P$) 등이 있습니다.

타분은 금기를 뜻하는 독일어인 Tabu라는 말이 이름에 포함된 데에서도 짐작할 수 있는 것처럼 매우 강력하고 무서운 신경독이며, 사린의 경우 인체에 들어오면 신경 신호를 전달하는 물질인 아세틸콜린이 분해되는 것을 막아 정상적인 신경 신호를 방해합니다. 결과적으로 신경에 무리가 가해져 중추신경 손상이 발생해 죽음에 이르게 되는데, 단순한 비교로도 사이안화 포타슘(청산가리)의 500배에 달하는 독성으로 알려져 있습니다.

전시의 화학무기 사용은 국제법상 금지되어 있지만, 제네바 협정상 전시 사용을 제외한 생산이나 소지에 대해서는 예외에 해당하기에 테러를 비롯한 범죄에 사용되는 사례는 꾸준히 발생하고 있습니다. 1952년 개발된 강력한 독성 물질(venomous agent)이라는 이름을 가진 VX($C_{11}H_{26}NO_2PS$)의 경우 사린의 200배(청산가리의 1000배) 독성을 보입니다. 2017년 쿠알라룸푸르에서 발생한 북한의 김정남 암살 사건에서도 VX가 사용된 것으로 확인되었습니다.

어떻게 사용하는지가 문제다

화학무기는 순수한 살상을 목적으로 만들어진 것도 있지만, 대부분은 살충제 또는 살서제(殺鼠劑)로의 사용되기 위해 개발되었습니다. 쥐를 비롯한 설치류는 인간과 마찬가지로 포유류에 속하기에 유사한 과정을 통해 독성을 보일 것임을 예상할 수 있습니다. 살충제로도 어느 정도 효과를 볼 수 있습니다. 하지만 문제는 역시 인간에 대한 부작용이 숨어 있을 수도 있다는 것입니다.

역사적으로 유명한 몇 가지 사례들이 이를 증명합니다. 파리스 그린(Paris green)이라는 살서제이자 살충제는 독특하고 아름다운 색상으로 인해 19세기 미술용 안료(물감)나 건축용 페인트로 사용되었습니다. 에메랄드 그린이라 부르는 신비로운 옥색 빛깔이 파리스 그린의 색상입니다. 하지만 독성 원소인 비소가 포함되어 있는 화합물이었던 만큼 중독 사건이 계속적으로 증가해 사용이 금지되었던 사례가 있습니다. 우수한 살충 효과를 보이는 유기염소계 살충제

DDT(dichlorodiphenyltrichloroethane)의 개발은 제2차 세계대전 당시 말라리아 등 전염병의 근원인 모기 박멸과 해충 제거에 크게 기여해 1948년 노벨 생리의학상의 주인공이 되기도 했습니다. 하지만 자연에서 분해가 느리고 토양에 축적된 후 먹이사슬을 통해 인간에게 전달되기도 했으며, 발암물질로도 작용해서 이차적인 피해를 유발했습니다. 살충 효과가 뛰어났지만, 곤충 유전정보의 변화를 일으켜 DDT에 대한 내성이 발생하는 등 예상하지 못했던 문제가 속출해 결국 사용이 금지되었습니다.[17]

이렇게 예상하지 못했던 독성과 환경적, 보건적, 사회적 문제가 발생하면서 화학물질에 대한 막연한 두려움이 커지면 화학물질을 무의식적으로 기피하게 되기도 합니다. 아직까지는 유용한 물질이지만, 10년 혹은 그보다 더 길거나 짧은 시간이 흐른 어느 날 감춰

DDT는 제2차 세계대전 당시 해충 박멸을 위해 무분별하게 살포되었다.

져 있던 위험한 특징이 드러나 우리를 불편하게 할지도 모릅니다. 그렇다면 도대체 왜 화학무기를 연구하면서 치명적으로 강력하고 위험한 화학물질을 만들어내는 것일까요?

독으로 쓸 것인가, 약으로 쓸 것인가

살충제나 살서제, 농약 등은 인류의 행복 증진과 더 편안한 삶을 구현하기 위해 개발된 경우가 대부분이었습니다. 살상을 위한 의도적인 개발이 없다고 말할 수는 없지만 말입니다. 알프레드 노벨(Alfred Bernhard Nobel)의 다이너마이트가 전자에 해당할 것이며, 세계대전중 개발된 원자폭탄이 후자에 속할 것입니다. 하지만 모두가 위험성을 알고 있는 현재, 핵분열은 핵폭탄 제조 외에 효율적이고 깨끗한 발전 방식을 위해서도 사용되고 있습니다. 모든 화학물질과 기술은 사용 목적과 방식에 따라 의미가 크게 달라지게 됩니다. 칼이사람을 해치게 한다고 칼을 세상에서 없애야 한다는 논리는 더 이상 성립하지 않습니다.

질병에 대해서도 예방과 치료 모두가 중요한 측면으로 여겨지듯, 화학무기 또한 예상치 못한 누출이나 우발적으로 사용된 화학물질에 대해 제독 방법을 확보하는 것 역시 중요합니다. 최루 무기로 사용되는 CN가스 혹은 CS가스의 경우, 단순히 몸에서 털어내는 방법으로 대부분 제거할 수 있으며 깨끗한 물로 씻어내 모든 피해를 제거할 수 있습니다. 포스젠은 물과 만나면 강산성 물질인 염산을 발생시키는 특성이 있어 피부 혹은 체내에서 화학 화상을 일으킵니다. 일반적인 화상 치료와 동일하게 대처할 수도 있지만, 빠르게 넓은 범위에 발생해 흡입량이 많은 경우에는 사망률이 매우 높습니다. 겨자가스는 제1차 세계대전을 통해 위험성이 인식된 만큼 확실한 이제는 해독제가 개발되었습니다. 겨자가스로 발생한 수포는 가정용 살균·소독제로 흔히 사용되는 차아염소산 소듐(sodium hypochlorite, NaClO)을 뿌려 완화시킬 수 있습니다. 치클론이나 청산가리로 익숙한 사이안화물 중독에 대해서는 다양한 치료법이 발견되었습니다. 효소에 결합한 사이안화 이온을 떨어뜨리기 위해 메트헤모글로빈(헴 중앙의 철 이온이 Fe^{2+}에서 Fe^{3+}로 산화된 형태의 헤모글로빈) 유도 물질인 아질산 아밀(amyl nitrite, $C_5H_{11}NO_2$)이나 4-디메틸아미노페놀(4-dimethylaminophenol, $C_8H_{11}NO$)의 사용, 황이 포함된 물질인 싸이오황산 소듐(sodium thiosulfate, $Na_2S_2O_3$), 사이안화 이온을 붙잡아 제거하는 다이코발트 에데테이트(dicobalt edetate, $C_{10}H_{12}Co_2N_2O_8 \cdot 6H_2O$) 등 전문적이고 안전한 해결책이 보급되었습니다. 사린 가스를 비롯한 신경독의 경우도 재빠르게 아트로핀(atropine, $C_{17}H_{23}NO_3$)이나 프랄리독심(pralidoxime chloride, $C_7H_9ClN_2O$)과 같은 신경작용제로 치료가 가능합니다.

오히려 겨자가스가 골수와 림프에 영향을 미치는 사실이 발견된 후, 백혈병(혈액암)의 치료제의 개발에 사용하는 연구가 진행된 적이 있었습니다. 즉 오로지 긍정적인 측면만, 또는 부정적인 특징만 존

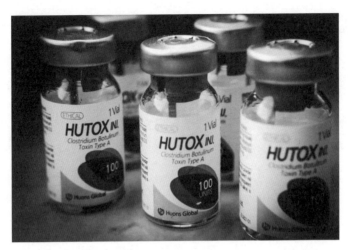

보톡스는 신경 독성을 조절해 미용 및 의약용품으로 사용되고 있는 좋은 예다.

재하는 물질은 없다고 생각해도 무방합니다. 사린 가스와 유사하게 신경 전달물질인 아세틸콜린에 작용해 신경독성을 유발하는 보툴리눔 독소(botulinum toxin, $C_{6760}H_{10447}N_{1743}O_{2010}S_{32}$)은 보톡스(Botox)라는 이름으로 의학과 미용 분야에서 사용되고 있습니다. 반대로, 효소 작용을 비롯해 인체 필수 무기물인 아연(Zn)은 과량 복용 시 복통, 구토, 경련, 발열 등 아연 중독증을 일으키며 오히려 면역 기능 저하와 빈혈을 일으키기도 합니다. 화학 역시 인류의 삶과 세상에 양면적으로 작용하는 모습을 보입니다. 화학무기도 마찬가지입니다. 중요한 것은 우리가 그 의미와 중요성을 알고 있는가뿐입니다.

그 맛은 어떻게 느낄 수 있을까?

물질의 양이나 특성을 분석하는 방법으로는 과학적 원리를 바탕으로 기기나 도구의 힘을 빌려 정량적으로 측정하는 화학분석법과 여러 품질을 인간의 오감에 바탕을 두고 평가하는 가장 실제적인 분석인 관능검사(sensory test)가 있습니다. 캡사이신의 매운 정도를 확인하기 위해 개발되었던 스코빌 지수는 대표적인 관능검사에 해당합니다.

20세기에는 사람의 혀가 느끼는 맛의 종류를 크게 짠맛, 신맛, 쓴맛, 단맛 등 네 가지로 구분했습니다. 맛은 혀에 분포하는 미뢰(taste buds)에서 구분됩니다. 맛의 종류마다 미뢰의 형태나 위치가 다르다는 오해도 있었지만, 미뢰에 여러 맛을 느끼는 감각세포들이 함께 존재하고 있습니다. 감각세포에서 화학물질을 인식하는 수용체가 작동하면 전기 신호를 보내 뇌가 맛을 느끼게 됩니다. 그리고 수용체는 화학 분자들을 인식해 맛을 느끼기 시작합니다.

신맛은 많은 종류의 산성 물질이 갖는 공통적인 성질이기도 합니다. 산성도가 높은 레몬주스나 식초를 생각해볼 수 있습니다. 결국, 산이 방출하는 수소 양이온($H+$)에 의해 혀는 신맛을 느낍니다. 단맛은 여러 당분에서 느껴질 수 있는 만큼, 가장 간단한 당 분자인 포도당(glucose)과 비슷한 구조를 갖는 분자들로부터 자극됩니다. 설탕을 대신하는 단맛을 만들어내는 아스파탐(aspartame)이나 수크랄로스(sucralose) 등의 화학물질들이 개발될 수 있는 이유입니다.

쓴맛은 단순히 하나의 화학구조에서 유래한다기보다는 용해도가 낮거나 거대한 분자들, 또는 알칼로이드나 독성 물질들에게서 자주 느껴집니다. 독을 갖는 동식물을 피하기 위한 과거 인간의 신체가 가져온 정보라고도 합니다. 짠맛(salty)은 이름 그대로 소금 혹은 염(salt)의 맛이라 할 수 있습니다. 가장 대표적인 염인 염화 소듐, 곧 식염이 짠맛을 만들어내는 대표적인 물질입니다. 소량의 소금은 짠맛과 약간의 신맛을 동시에 자극해 기분 좋은 느낌을 만들지만, 바닷물과 같이 높은 농도의 짠맛은 오히려 불쾌감과 고통을 유발합니다. 짠맛은 소듐 양이온의 농도에 크게 좌우되며, 염화 이온보다 더 큰 음이온이 포함된다면 짠맛이 점차 약해집니다. 소듐이 아닌 다른 양이온이 사용되어도 짠맛은 미묘하게 변화합니다. 수은을 비롯한 중금속이 이루는 염은 비릿한 금속 맛이 나는 짠맛을 만들어냅니다. 짠맛을 내는 다른 염들을 생각해보자면, 암모늄(NH_4^+), 포타슘(K^+), 칼슘(Ca^{2+}), 소듐(Na^+), 리튬(Li^+), 그리고 마그네슘(Mg^{2+}) 순으로 짠맛이 약해집니다.

반전 있는
이야기

거울상 이성질체와
대칭에 대하여

나와 똑같이 생긴 사람을 만난다면

정신분석학의 창시자였던 지그문트 프로이트(Sigmund Freud, 1856-1939)는 자신의 논문을 통해 '낯익은 낯설음'이라는 감정을 이야기했습니다.[1] 친숙하면서도 왠지 모르게 낯설어 두려움이 몰려드는 감정을 의미하는데, 최근에는 인간의 형태를 닮아가는 로봇을 표현할 때 '불쾌한 골짜기(Uncanny valley)'라는 말을 씁니다. 고양이나 강아지와 같은 동물의 모습을 한 로봇에게는 특별한 불쾌감이 들지 않지만, 무언가 어색하고 기묘한 인간의 형태를 했다면 보는 순간 소름끼치는 듯한 느낌이 들기도 하죠. 최근에는 인간과 매우 닮아 구분하기 어려울 정도의 외형이 컴퓨터 그래픽 등을 통해 구현되기 때문에, 불쾌감이 드는 특정한 범위의 구간이 있다는 사실이 더욱 체감되어 불쾌한 골짜기라는 개념이 더 유명해졌습니다.

만약, 똑같은 대상이 로봇이 아닌 사람이라면 어떤 감정이 들까요? 과학 기술이나 많은 제도가 바뀐 미래의 어느 순간, 나와 완전히 똑같이 생긴 복제 인간을 길에서 마주해 두 눈이 마주친다면 어떤 느낌일까요? 극단적인 상황을 떠올리지 않아도 스스로 헷갈릴 정도로 나와 닮은 사람을 만난다면 우리가 느끼는 감정은 반가움일까요, 아니면 두려움일까요?

자신과 완벽하게 같은 외형을 한 무엇인가에 대한 두려움은 각국의 전래동화나 괴담 등을 통해 쉽게 접할 수 있습니다. 마크 트웨인이 발표한 〈왕자와 거지(The Prince and the Pauper)〉나, 손톱을 먹은 쥐가 모습을 바꿔 주인 행세를 하는 내용의 우리나라 설화 〈진가쟁주(眞假爭主)〉 등에도 그 두려움이 나타나 있습니다. 많은 설화에서는 같은 모습의 무엇인가와 갈등을 겪지만 결국 해결되곤 합니다. 하지만 독일에서는 도플갱어(doppelgänger)가 악운의 상징이자 공포스러운 괴물로 표현됩니다.[2] 내면의 가치가 개인의 특징과 존재를 규정한다고는 하지만 외형적인 차이 역시 각자의 존재를 구분하는 중요한 요인이 될 수밖에 없습니다.

겹쳐지는 것과 겹쳐지지 않는 것

마주치면 죽을지도 모르는 괴물 이야기는 접어두고, 조금 더 현실적인 상황을 떠올려보겠습니다. 먼 과거의 어느 순간 강물 혹은 웅덩이에 고인 물이나 얼음, 흑요석, 금속판처럼 거울로 쓰일 수 있는 물체에 맺히는 자신의 모습을 처음 보게 된 경우가 있었을 것입

자신과 완전히 같은 외모의 무엇인가를 만나는 것은 미지의 공포를 자극한다.

니다. 하지만 강아지나 고양이와는 다르게 시각에 의존하는 인간은 손발을 움직여보고 표정도 지어보며 거울에 나타난 모습이 자신의 모습이라는 사실을 이내 알아차리게 됩니다.[3] 내가 왼손을 들어 올리면 거울 속 나는 오른손을 들어 올립니다. 반대로 거울 속에서 왼쪽으로 고개를 기울인 것은 오른쪽으로 고개를 기울인 내 모습입니다. 정확히 좌우가 반대로 비춰 보이는 모습은 당연하면서도 신기합니다. 조금 더 정확히 이야기하자면 거울에 나타나는 모습은 좌우가 반전되는 것이 아니라 앞뒤가 뒤집힌다고 할 수 있습니다. 실제 나와 거울 속 나의 정가운데 거리에 위치한 거울 면을 기준으로, 서로 마주 보며 앞뒤가 뒤집혀 있어 자연스럽게 좌우가 바뀌어 보입니다.

거울 속 내 모습을 바라보고 점점 더 작은 세계로 들어가보겠습니다. 사실 거울 밖에서 들여다보는 우리의 입장이 기준이 되기 때문에 왼손을 들어 올린 나와는 다르게 거울 속 나는 오른손을 올렸다는 사실을 자연스럽게 알아채기는 쉽지 않습니다. 하지만 의식하고 바라본다면 앞머리가 넘겨진 방향, 손의 모양, 약간은 비스듬한 어깨의 각도 등 모든 것이 정반대라는 사실을 쉽게 알 수 있습니다. 거울 면을 기준으로 한 대칭은 단순히 반전만 되어 있을 뿐 거울 속 내가 실재한다고 생각해도 아무런 문제가 없어 보입니다. 하지만 행위나 특징은 완전히 다릅니다. 오른손으로 글씨를 쓰는 나의 거울 속 모습은 어느새 왼손잡이가 되어 있습니다. 이 극적인 반전은 작은 세계로 향할수록 더 심각해집니다.

인간의 유전정보를 담고 있는 DNA는 복제나 수리 등의 작업이 필요한 상황이 아닌 경우 이중나선(double helix) 형태로 꼬여 있습니다. DNA가 꼬이는 방향은 오른쪽으로 휘감기는(반시계) 방향이거나 왼쪽으로 휘감기는(시계) 방향 중 하나가 될 수 있습니다. 반시계방향의 경우 A-DNA나 B-DNA라 부르고, 시계방향은 Z-DNA라 구분됩니다. 모든 인간의 몸을 이루는 DNA는 B-DNA가 일반적입니다. A-DNA는 회전 방향은 같지만 눌려서 짧고 넓게 퍼진 나선 모양으로 이루어져 있으며, 정상적인 DNA가 탈수되어 물이 사라졌을 때 만들어지는 모양입니다. A-DNA나 B-DNA와 반전을 이룬다고 할 수 있는 Z-DNA는 인체에서 아주 가끔 확인됩니다. B-DNA에 비해 1000만 분의 1 수준이며 질병을 비롯한 이상 현상의 징후로도 생각될 수 있을 만큼 정상적이지 않은 종류입니다. 거

울 속 나의 몸을 이루는 DNA는 거의 모두 Z-DNA이며 아주 간혹 B-DNA가 있게 됩니다.[4]

더 작은 다른 생분자의 세계로 들어가면 단백질을 구성하고 있는 작은 분자들인 아미노산(amino acids)이 보입니다. 아미노산은 사람의 손과 같은 기하 구조를 갖습니다. 동그란 공이나 원기둥, 색종이와 같은 물체들은 거울에 반전시켜 만들어진 모양을 처음 물체에 가져다 대도 정확하게 겹쳐집니다. 물체 속에 대칭면이 이미 포함되어 있어서 반전이 일어나도 처음과 같은 모양이 유지되기 때문입니다. 하지만 사람의 손이나 발, 주사위와 같이 대칭적이지 않은 물체들은 거울에 반전되면 더 이상 겹쳐지지 않습니다. 왼손과 오른손을 서로 마주보는 방향으로 가져다 대면 겹쳐지지만, 그대로 포개는 경우에는 겹쳐지지 않는 것과 같습니다. 손을 뜻하는 그리스어 'χειρ(cheir)'로부터 유래된 말로, 거울 반전 이후 겹쳐지지 않는 특징을 갖는 물체 혹은 분자를 카이랄(chiral)이라 부릅니다. 손은 카이랄 구조이고 주사위도 카이랄 구조입니다. 그리고 아미노산도 카이랄 구조의 생분자입니다.

거울 속 세계에서
앨리스의 몸은 어떻게 변할까?

루이스 캐럴(Lewis Carroll)의 《이상한 나라의 앨리스(Alice's Adventures in Wonderland)》는 세계에서 가장 유명한 소설 중 하나일 것입니다. 이 작품은 일곱 살 여자아이 앨리스가 토끼굴로 빠지며 이상한 나라에서 겪는 이야기를 다루고 있습니다. 전체적인 배경이 땅속이었던 것처럼, 처음에는 '땅속 나라의 앨리스(Alice's Adventure Under Ground)'라는 제목으로 쓰였으며 출간 당시 제목이 지금과 같이 바뀌었습니다.

앨리스 시리즈는 우리나라에서도 유명한 이상한 나라 이야기 외에도 6년 후 출간된 속편 《거울 나라의 앨리스(Through the Looking-Glass)》라는 소설이 한 편 더 있습니다. 거울 반대편의 세상을 상상하던 앨리스는 벽난로 위 걸려있는 거울을 만져보고 거울 속 세계로 넘어가게 됩니다. 거울이 현실을 반대로 나타내는 것처럼, 앨리스가 넘어간 거울 세계에서는 달리면 제자리에 멈추고 물러나면 앞으로 다가서게 되는, 논리가 뒤집힌 세상이었습니다. 루이스 캐럴이

앨리스는 이상한 나라를 떠난 후 거울 속으로 또다시 떠난다. 그림은 앨리스 시리즈의 삽화로 존 테니얼(John Tenniel)의 작품이다.

수학자였던 만큼 앨리스 시리즈는 여러 수학적 퍼즐과 아이디어가 숨어 있기도 하며, 과학 분야에서도 꾸준히 인용되곤 합니다.[5]

　이제 화학적 관점에서 문제를 조금만 더 심각하게 만들어보겠습니다. 앨리스는 거울 바깥과 속에 따로 존재하는 개별적인 인물이 아닌, 거울을 통해 모든 것이 뒤집힌 세상으로 들어갔습니다. 반전되지 않고 모든 논리가 반대인 세상으로 들어갔으니, 앨리스의 유전자를 구성할 DNA는 여전히 반시계방향으로 꼬여 있고 아미노산 역시 거울 속 세계의 인간과는 정반대일 것입니다. 좌우 반전된 것 외에는 어차피 각 분자마다 같은 종류, 같은 개수의 원자들로 이루어졌을 터이니 무슨 큰 문제가 발생할까 싶지만, 결론적으로 앨리스의 몸에 심각한 문제가 발생합니다.

아미노산과 카이랄에 대한 자세한 이야기는 아미노산이 탄소 골격으로 이루어진 유기 화합물이라는 사실로부터 시작됩니다. 탄소는 다른 원소들과 최대 네 개의 화학 결합을 만들 수 있어 다양한 구조를 이뤄 분자의 골격으로 작용합니다. 만약, 탄소에 두 개의 원자가 결합한다면 곧게 뻗은 직선 형태나 꺾인 모양이 만들어집니다. 탄소에 두 개의 산소가 양쪽에 연결된 이산화 탄소(CO_2)는 직선 형태고 탄소에 수소가 두 개 붙은 카벤(carbene, CH_2)이라는 분자는 꺾인 모양의 예시입니다. 이 두 가지 형태는 중앙의 탄소를 기준으로 양쪽이 대칭이 되니 거울에 반전된다 해도 그대로입니다.

탄소에 결합한 원자를 하나 더 늘려보겠습니다. 접착제나 방부제로 쓰이는 포름 알데히드(formaldehyde, CH_2O)는 탄소를 중심으로 하나의 산소와 두 개의 수소가 연결된 간단한 유기 화합물입니다. 이 역시 납작한 평면 삼각형 모양을 가지며 대칭을 이룹니다. 거울에 비추었을 때 반전되어 겹치지 않는 형태가 이루어지려면, 탄소가 만들 수 있는 최대의 결합을 통해 사면체 형태의 입체 구조가 되어야만 합니다. 또, 분자 내에서 대칭이 없도록 탄소에 결합된 모든 원자가 다른 종류로 이루어져야만 합니다.

연료로도 사용되는 메테인(CH_4) 같은 경우 네 개의 수소가 입체적으로 배열된 정사면체 형태의 구조이지만 대칭이 존재합니다. 대칭이 전혀 존재하지 않는 카이랄 분자의 가장 대표적인 예로는 탄소에 수소, 플루오린, 염소, 브로민이 하나씩 결합한 물질(CHFClBr)을 들 수 있습니다. 이와 같은 분자는 마치 우리의 손처럼 거울에 비추었을 때 겹쳐지지 않는 분자를 이룹니다. 거울에 맺히는 상이 같은 종류와 개수의 원소로 이루어졌지만 다른 물질이 되는 경우를 화학에서는 '거울상(광학) 이성질체(enantiomer)'라 부릅니다. 그리고, 아미노산 중 단 하나(글라이신, glycine)를 제외한 모든 종류는 거울상 이성질체입니다.

이상한 나라의 아미노산

DNA가 회전하는 방향에 따라 두 가지로 구분되듯, 아미노산 역시 오른쪽 혹은 왼쪽 방향 회전에 따라 D(dexter, 오른쪽의)와 L(lævus, 왼쪽의)로 나눠 부릅니다.[6] 손톱이나 모발에 많이 함유되어 있는 시스테인(cystein)이라는 아미노산을 살펴본다면 수소(H), 아미노($-NH_2$), 카복실산($-COOH$)과 싸이오메틸($-CH_2SH$)이라는 네 가지 다른 덩어리가 탄소에 연결되어 있습니다. 이들을 특별한 방법에 따라 배치했을 때 오른쪽 방향성을 갖는다면 D-시스테인, 반대로 왼쪽이라면 L-시스테인이 됩니다. 보통 인간의 몸에는 대표적으로 약 20종류의 아미노산들이 다양한 순서대로 연결되어 있다고 볼 수 있는데, 유일하게 수소가 두 개 붙어 있는 글라이신을 제외한 모든 아미노산은 D와 L 형태를 갖는 거울상 이성질체입니다. 문제는 인간의 몸을 구성하는 거의 모든 아미노산은 L 형태로 이루어졌다는 사실입니다.

사실 두 형태 중 어째서 L-아미노산만이 인간을 구성하는 데 사용되는가에 대해서는 아직 명확하게 밝혀지지 않았습니다. 아득히 먼 옛날 지구가 탄생하고 여러 분자가 만들어지던 때에는 D와 L중 한 종류만이 골라서 합성되었을 리 없습니다. 탄소에 네 개의 덩어리를 연결해 조립할 때 의도적으로 신경 쓰지 않는다면 수백억, 수조 개의 분자 중 D와 L 형태는 거의 같은 비율로 만들어질 수밖에 없습니다. 잠시 다시 분자의 세계를 떠나 일상을 둘러본다면, 오른손잡이와 왼손잡이의 비율에 대해 생각해볼 수 있겠습니다. 특별한 이유나 제약이 없지만, 과반수 이상의 사람들은 오른손잡이에 해당합니다. 필기도구나 손잡이, 도구 등 여러 물품은 오른손잡이를 기준으로 만들어져 있음이 이를 설명합니다. 결국, 필요에 의해서나 효율성에 의해 양손잡이나 왼손잡이의 특성을 갖고 있는 사람들도 오른손의 사용에 익숙해지기 마련입니다. 아미노산도 이처럼 어떠한 편의성 혹은 우세성에 의해 한 종류만 쓰이게 된 것으로 상상할 수 있습니다. 아미노산들을 연결해 단백질을 만드는 몸속의 기능들은 어느새 L-아미노산에 대해서만 작동하게 되었고, 세대가 쌓이고 반복되며 효율이 떨어지는 D-아미노산은 점차 몸을 구성하는 후보에서 퇴출된 것이 아닐까 생각됩니다.[7,8]

거울을 통해 뒤집힌 세계로 들어간 앨리스의 몸은 L-아미노산들로 이루어져 있습니다. 하지만 거울 속에서는 D-아미노산이 몸을 구성하도록 짜여 있으니 새로운 단백질을 만들고 사용하는 과정이 이루어지지 않습니다. 우리는 음식물의 섭취를 통해 몸에 필요한 아미노산을 공급받곤 합니다. 거울 속에서는 음식을 먹어도 D-아미노산만이 공급되고 앨리스의 몸속 효소들을 이것을 사용할 능력이 없죠. 새로운 세포가 낡은 것들을 대신하는 분열이나 몸을 조절하는 호르몬, 분자의 이동과 저장, 몸을 보호하는 항체 시스템 등 모든 것이 잠시 후 동작을 멈추니 서두르지 않는다면 앨리스의 모험은 끝나게 될 것입니다.

선악의 경계에서 거울을 보다

겹쳐 보기까지는 완전히 동일한 구조로 보이는 거울상 화합물은 이성질체라는 단어에 걸맞게 전혀 다른 성질을 갖는 경우가 많습니다. 거울상 이성질체에 관련된 충격적인 사건이 있습니다. 1957년 독일의 제약회사 그뤼넨탈(Grunenthal GmbH)이 카복실산이 두 개 붙은 벤젠 고리(프탈산)에 질소를 통한 결합으로 탈리도마이드(pthalic acid + imido + imide = pthalimidoglutarimide = thalidomide)라는 화합물을 만들어서 의약품으로 판매한 일이 대표적입니다.

탈리도마이드는 $C_{13}H_{10}N_2O_4$로 구성 원소의 종류와 개수를 간단히 표현할 수 있습니다. 실제 구조를 그려본다면 두 개의 고리 부분이 연결된 형태임을 확인할 수 있습니다. 그림을 살펴본다면, 질소나 산소와 같은 특별한 원소들은 알파벳으로 표현되고, 골격을 이루는 핵심인 탄소는 아무 표시가 되지 않은 꼭짓점들에 위치하는 것으로 간주하며, 수소는 특별한 경우가 아니라면 생략하는 방식으

R-탈리도마이드

S-탈리도마이드

탈리도마이드의 거울상 이성질체 중 한 종류는 약효를, 그리고 다른 한 종류는 독성을 나타냈다. 분자 구조의 실선은 같은 평면위의 원자들, 굵은 삼각선은 평면 위로 돌출된 방향, 점 삼각선은 평면 뒤로 빠지는 방향을 의미한다.

로 유기 화합물의 구조를 그린다는 사실을 눈치 채게 됩니다. 탈리도마이드를 이루는 13개의 탄소 중 단 하나라도, 연결된 모든 덩어리가 다른 카이랄 탄소라면 거울상 이성질체가 존재합니다. 그리고 탈리도마이드는 단 하나의 탄소가 이 조건을 만족하기 때문에, 아미노산의 D와 L에 대응되는 R(rectus)과 S(sinister)라는 거울상 이성질체가 존재합니다.[9, 10]

탈리도마이드는 임산부의 입덧을 완화하는 진정 효과로 판매 즉시 주목받았습니다. 효과가 뛰어나 독일을 시작으로 46개국에서 37개의 서로 다른 상품명으로 판매되며, 검증 결과 큰 문제가 없는 것으로 확인돼 의사의 처방전 없이도 약국에서 개인적으로 구입할 수 있는 약품이었습니다. 설치류(쥐)를 대상으로 한 실험에서도 탈리도마이드 복용은 쥐에게 전혀 독성이나 문제를 일으키지 않았고, 심지어 수정란이 세포 분열하며 태아로 성장하는 과정인 배아(embryo)에서도 기형이나 유산(miscarriage)과 같은 문제가 없는 환상적인 약이었습니다. 연구 결과를 바탕으로 영국에서는 '임산부와 수유부에게 산모나 아이에 대한 부작용 없이 완전히 안전'하게 사용할 수 있다며 광고되기까지 했습니다.

치명적인 문제가 숨어 있었다는 사실은 5년가량 시간이 흐른 뒤 갑자기 터져 나왔습니다. 임신 초기 탈리도마이드를 복용한 경우 태어난 지 몇 달 만에 사망하거나 사지 발달에 기형(teratoma)이 일어난 것입니다. 판매 기간이 길지 않았으나 임산부를 위한 진정제로 주로 사용된 만큼 1만 명 이상의 아기들이 돌이킬 수 없는 피해를 입었습니다.

—
반전의 위험
—

탈리도마이드 사건은 물질에 대한 이해, 검증의 불완전함, 그리고 제도적인 허술함이 종합적으로 작용한 역사상 가장 심각했던 의약품 스캔들이었습니다. R-탈리도마이드는 분명히 체내에서 문제를 일으키지 않는 안전한 물질이었고 진정 효과와 입덧 완화 효과, 거기다 감기나 폐렴의 완화 효과까지 있었기 때문에 그야말로 약이라

할 수 있었습니다. 하지만 반전된 물질인 S-탈리도마이드는 DNA 나 세포에 치명적인 손상을 일으키는 수산화 라디칼(홀전자를 가져 불안정하고 무분별한 반응을 일으키는 화학종, ·OH)을 만들어내 혈관의 생성을 막아 기형을 일으키는 독이었던 것입니다.[11] 앞선 아미노산의 이야기와 같이, R과 S 형태는 단순히 거울상에 대해 대칭적인 형태일 뿐 분자의 크기나 질량, 밀도, 용해도, 녹는점과 끓는점 등 모든 특징은 완전히 같기에 혼합돼 있는 경우가 많습니다. 독성이 없고 유익한 R-탈리도마이드만 분리해서 약으로 사용하면 문제가 해결되는 것이 아닐까 싶은 의문이 든다면, 자신이 뛰어난 추리력을 가지고 있다고 생각해도 좋겠습니다.

과거의 탈리도마이드처럼, 현재 처방전 없이 약국에서 간단히 구매할 수 있는 약 중에서 이부프로펜(ibuprofen, $C_{13}H_{18}O_2$)이라는 해열 진통제가 있습니다. 이부프로펜 역시 하나의 카이랄 위치가 있어 R과 S의 거울상 이성질체로 구분됩니다. 다행스럽게도 두 종류의 반전구조 중 심각한 문제를 유발하는 화합물은 없으나, R-이부프로펜은 항염증 효과가 없고 S-이부프로펜만 약효를 보입니다.[12] R과 S가 뒤섞여 있는 이부프로펜이 약으로 판매되며, 체내에 들어간 R-이부프로펜은 서서히 S 형태로 변화해 약효를 냅니다. 그런데 결국 S-이부프로펜만 분리해서 약으로 사용하려는 시도가 이루어졌고 덱시부프로펜(dexibuprofen)이라 불리며 상용화되었습니다. 약효를 내는 물질만으로 이루어졌으니 기존의 약보다 적은 양으로도 같은 효과를 볼 수 있어 위장에 부담이 덜한 편입니다.

여기서 눈여겨봐야 할 것은 R과 S가 변할 수 있다는 사실입니다. 열이나 빛과 같은 에너지가 가해지거나, 산성, 염기성, 또는 특별한 상황에 놓이면 거울상 이성질체는 뒤바뀌거나 비율이 변할 수 있습니다. 이는 곧 탈리도마이드를 무독성인 형태로 분리한다고 해도, 체내에 들어오면 다시금 기형을 유발하는 S 형태가 생겨난다는 뜻입니다.[13]

실험용 쥐를 대상으로 한 독성과 약효 평가는 현대 의약 개발에서도 사용되는 기본적인 방법입니다. 탈리도마이드가 배아를 포함해 쥐에게서 전혀 독성을 보이지 않았던 것은 인간과 쥐가 같지 않다는 사실을 다시 한번 깨닫게 합니다. 사건 이후 과학자들의 다양한 검증 연구와 원인 규명이 수십 년간 계속되었는데, 그러던 중 인간의 배아에 비해 쥐의 배아에는 문제 원인이었던 수산화 라디칼을 제거하는 물질이 다량 존재하는 것을 알아냈습니다. 심지어 S-탈리도마이드는 인간에게서는 7.3시간이 경과해야만 양이 절반 이하로 감소했지만, 쥐에게서는 단 30분 만에 제거된다는 것이 확인되었습니다.[14] S-탈리도마이드는 임신 초기 20~37일 사이에만 문제를 일으키며 그 이후 섭취되었을 경우에는 태아에게 아무런 문제를 일으키지 않는 것도 문제를 알아내기 어려운 이유 중 하나였습니다.[15]

거울상 이성질체에 의한 탈리도마이드 스캔들이 불러온 파장은 신생아들의 육체와 부모의 마음에 상처를 남겼을 뿐 아니라, 정부와 의료당국에도 신약 개발 제도에 대한 엄격한 검토를 요구했습니

| 탈리도마이드 | 레날리도마이드 | 포말리도마이드 |

약은 독이 되기도 하고, 독이 약이 되기도 한다. 탈리도마이드는 이제 한센병 치료제로 사용될 수 있다.

다. 일반 판매용 약과 처방전이 필요한 약이 구분되는 것, 약의 부작용과 주의사항을 명시하는 것, 단순한 동물실험이 아닌 영장류를 포함한 다수의 검증이 필수화된 것 모두가 탈리도마이드가 던져준 숙제의 결과입니다.

영원히 봉인되어 의약품으로 다시금 빛을 볼 일이 없을 것만 같던 탈리도마이드는 나병(癩病)이라고도 불리는 한센병(leprosy; Hansen's disease)의 치료제나 항암제로 기능한다는 사실이 밝혀져 성인을 대상으로 사용되기도 합니다. 그리고 거의 같은 화학구조를 갖는 레날리도마이드(lenalidomide)나 포말리도마이드(pomalidomide)와 같은 약물도 발표되고 있으니, 화학물질과 그 작용에 대한 이해의 중요성을 다시 느낄 수 있습니다.[16]

거울을 깨뜨리다

거울상 이성질체는 의약 분야에서 매우 중요한 특징입니다. 우울증 치료제 중에서도 플루복사민(fluvoxamine, $C_{15}H_{21}F_3N_2O_2$)이나 네파조돈(nefazodone, $C_{25}H_{32}ClN_5O_2$)과 같이 카이랄 위치가 없어 거울상 이성질체를 고민하지 않아도 되는 약품도 있고 부프로피온 (bupropion, $C_{13}H_{18}ClNO$), 벤라팍신(venlafaxine, $C_{17}H_{27}NO_2$), 트라닐시프로민(tranylcypromine, $C_9H_{11}N$) 등 거울상이 뒤섞인 약품도 있습니다. 한편 두 개의 카이랄 위치가 모두 S인 S,S-설트랄린(sertraline, $C_{17}H_{17}Cl_2N$)이나 하나씩 있는 S,R-파록세틴(paroxetine, $C_{19}H_{20}FNO_3$)처럼 거울상 단일약물(enantiopure drug)도 있습니다.

탈리도마이드만큼 극단적이진 않더라도 치료 효과와 부작용의 대비가 하나의 화합물에서 나타나는 경우는 간혹 있습니다. 예를 들어 신장 결석이나 류마티스 관절염 치료에 쓰이는 페니실라민 (penicillamine)은 S 형태의 경우 기대했던 약효가 나타나지만, R 형태는 비타민 B6의 작용을 억제해 체내에서 독성이 나타납니다.[17] 이처럼 둘 중 하나의 구조만 효과를 나타내기도 하고 뒤섞여 불필요하게 많은 양의 약이 사용되면 또 다른 문제가 되기도 해 최근에는 더욱 효과적인 거울상 이성질체를 선택하는 방향으로 나아가고 있습니다. 선택적인 거울상 이성질체 약물의 예로, 마취제와 항우울제로 사용되는 케타민(ketamine)은 S 형태가 효과가 뛰어나 에스케타민(esketamine)이, 기면증과 수면장애 치료제인 모다피닐(modafinil)은 R 형태가 체내에서 더 오래 작용할 수 있어 아모다피닐(armodafinil)이, 고혈압 치료제인 암로디핀(amlodipine)은 오직 S 형태만 혈관 확장 효과가 있어 레밤로디핀(levamlodipine)이 출시되어 사용되고 있습니다.

혹시 약의 이름을 찾아보게 되는 순간이 온다면 에스(Es), 아르(Ar), 레브(Lev), 덱스(Dex)라는 접두사가 붙어 있는지 보세요. 그것이 거울상 단일약물입니다.

거울상 이성질체들은 인체에서의 효과가 다르더라도 질량이나 끓는점 등 물리적 성질이 같아 뒤섞여 있는 상태로부터 R 혹은 S 형태만 따로 분리하는 노력보다는 한 종류만 만들어지도록 조절하는 편이 더욱 효과적입니다. 거울에 나타나는 것처럼 대칭적인 모양의 화합물이 뒤섞여 나오는 것이 자연스러운 현상이기 때문에, 대칭을 깨뜨려 한 종류로 만드는 데는 간단히 이루어질 수 없는 화학 반응을 가능하도록 하는 촉매가 필요하게 됩니다.

거울상 이성질체의 비율의 균일함을 깨뜨려 선택적으로 합성할 수 있는 물질을 비대칭적 촉매(asymmetric catalysis)라 부릅니다. 비대칭적 촉매의 결과(거울상 이성질체를 조절할 수 있다는 것)는 간단하게 표현되지만, 화학과 의약 분야에서의 중요성은 엄청납니다. 2001년 윌리엄 놀스(William Standish Knowles), 료지 노요리(Ryoji Noyori), 배리 샤플리스(Karl Barry Sharpless)는 금속을 촉매로 사용해 유기 화합물에 수소를 집어넣는 수소화 반응을 비대칭적으로 이뤄내 노벨 화학상을 수상했습니다. 2021년 노벨 화학상 역시 비대칭적 유기 촉매를 개발한 공로로 베냐민 리스트(Benjamin List)와 데이비드 맥밀런(David William Cross MacMillan)에게 주어졌습니다. 탈리도마이드 스캔들 이후 화학물질의 명암에 대한 이해는 화학의 진보와 함께 자연스럽게 이루어지고 있습니다.

보편적으로 대칭과 균형을 선호하는 인간의 성향은 미의 기준이나 건축물의 설계, 물체의 배치에서 무의식적으로 드러납니다.[18] 자연에서도 얼어붙은 눈 결정이나 나비의 날개, 꽃잎의 모습 등에서도 대칭이 숨어 있는 곳을 간단히 찾아볼 수 있습니다. 대칭이나 평형은 형태에 국한되지 않고 우리 생활에서도 중요한 기준이 됩니다. 공부나 일, 그리고 휴식이 균형을 이루는지, 건강한 삶과 즐기는 삶은 동등하게 대응될 수 있는지 모두 균형과 관련된 어려운 문제들입니다.

가장 이상적인 대칭은 자연적으로 이루어지기보다는 사람의 시도와 노력으로 맞춰지는 경우가 오히려 많습니다. 그러나 화학에서는 반대였습니다. 자연스럽게 같은 만큼 생겨나는 거울상 이성질체들은 오히려 숨겨진 문제를 일으키기도 했고, 자연적으로 뒤섞여 만들어지는 두 종류의 거울상 이성질체 중 유용하고 안전한 한 종류만을 선택적으로 만들려는 우리의 노력은 이제 거울을 깨뜨려 한 방향으로만 흘러가도록 만들 수 있습니다. 어느 쪽에 더 큰 가치가 있는지 파악하고 방향을 설정하는 과정은 우리 삶과 화학 반응 모두에서 동일하게 적용되고 있습니다. 하나의 목적지에 이르는 길이 여러 가지인 것처럼, 그리고 길마다 보이는 경치가 다채로운 것처럼 비대칭 촉매나 재구조화 반응, 화학 반응 방향의 조절, 분리나 정제에 대해 화학자들이 개척한 경로는 단순히 한 종류의 거울상 화합물을 얻는 것을 넘어 유기화학의 영역에서 계속해서 확장되는 중입니다.

무기 화합물과 유기 화합물의 차이는?

금속과 비금속, 화합물과 혼합물, 결정과 비정질 등 모든 물질은 다양한 기준에 따라 분류되곤 합니다. 화합물을 구분하는 원소의 종류를 기준으로 가장 넓은 분류법은 유기(有機) 화합물과 무기(無機) 화합물로 나누는 것입니다. 일반적으로 탄소(C)가 화합물의 골격을 이루는 물질을 유기 화합물이라 부릅니다.

탄소는 인간에게 가장 친숙하며 표준적인 원소입니다. 호흡을 하는 모든 생명체는 이산화 탄소를 통해 사용하거나 배출합니다. 식물을 섭취해도 탄소로 구성된 섬유질, 당, 탄수화물을 받아들이는 것이고 고기에도 탄소로 이루어진 단백질이 가득합니다. 또 인간은 나무를 태워 탄소 덩어리인 숯을 만들어 사용하기도 했으며 지각에서 탄소 연료인 석탄과 석유를 채취해 사용하기도 합니다. 심지어 모든 원자들의 질량을 정하는 과정이 탄소를 기준으로 이루어졌습니다. 과거에는 생명을 이루는 물질과 무생물을 구성하는 물질이 완전히 다르다고 생각하던 시기가 있었습니다. 동식물에서 관찰되는 대부분의 물질이 탄소가 포함되어 있었기 때문에, 탄소가 골격을 이루는 화합물을 유기 화합물이라 구분하게 됩니다.

물론, 시간이 흐르며 원소는 생명체와 무생물을 막론하고 동일하다는 사실이 밝혀져 더 이상 생명을 이루는 원소를 따로 구분하지는 않았지만, 여전히 유기 화합물의 구분은 유용했습니다. 간혹 혼동을 겪기 쉬운 부분은 탄소가 함유되었다고 모두 다 유기 화합물은 아니라는 사실입니다. 일산화 탄소(CO)나 이산화 탄소(CO_2), 그리고 탄소만으로 이루어진 다이아몬드나 흑연은 모두 유기 화합물에 해당하지 않습니다. 정확히는 탄소와 수소가 직접 연결된 형태가 포함된 물질이 유기 화합물의 정의에 해당합니다.

반대로 탄소와 수소의 연결이 없는 모든 물질은 무기 화합물로 구분됩니다. 우리가 살펴본 유리, 광석, 화약, 물감과 안료를 비롯해 황산이나 염산과 같은 광물 산 등이 무기 화합물에 해당합니다.

참고문헌 및 주석

1부 역사에는 화학이 있었다

사약이 무엇인지 정확하게 설명하지 못하는 이유

1 S. H. Shim, J. S. Kim, S. S. Kang, K. H. Son, K. Bae, "Alkaloidal Constituents from Acotinum Jaluense" Arch. Pharm. Res. 2003, 26(9), 709−715.

2 J. Kurek, "Alkaloids − Their Importance in Nature and for Human Life" IntechOpen, DOI:10.5772/intechopen.85400.

3 L. Ma, R. Gu, L. Tang, Z. Chen, R. Di, C. Long, "Important Poisonous Plants in Tibetan Ethnomedicine" Toxins, 2015, 7, 138−155.

4 D. Libatique, "A Narratological Investigation of Ovid's Medea: "Met".7.1−424" Class. World, 2015, 109(1), 69−89.

5 A. Been, "Aconitum: Genus of Powerful and Sensational Plants" Pharm. Hist. 1992, 34(1), 35−39.

6 Y. Ohno, S. Chiba, S. Uchigasaki, E. Uchima, H. Nagamori, M. Mizugaki, Y. Ohyama, K. Kimura, Y. Suzuki, "The Influence of Tetrodotoxin on the Toxic Effect of Aconitine in Vivo" Tohoku J. Exp. Med. 1992, 167(2), 155−158.

7 《오주서종발물고변(五洲書種博物考辨)》, 이규경(李圭景), 1834(헌종 1년).

8 I. Mancini, M. Planchestainer, A. Defant, "Synthesis of In−Vitro Anticancer Evaluation of Polyarsenicals Related to the Marine Sponge Derived Arsenicin A" Sci. Rep. 2017, 7: 11548.

9 V. S. Nadar et al., "Arsinothricin, an Arsenic−Containing Non−Proteinogenic Amino Acid Analog of Glutamate, Is a Broad−Spectrum Antibiotics" Commun. Biol. 2019, 2: 131.

10 K. Strebhardt, A. Ullrich, "Paul Erhlich's Magic Bullet Concept: 100 Years of Progress" Nat. Rev. Cancer, 2008, 8, 473−480.

11 J. Hu, Y. Dong, L. Ding, Y. Dong, Z. Wu, W. Wang, M. Shen, Y. Duan, "Local Delivery of Arsenic Trioxide Nanoparticles for Hepatocellular Carcinoma Treatment"

Sig. Transduct. Target. Ther. 2019, 4: 28.

12 K. Alimoghaddam, "A Review of Arsenic Trioxide and Acute Promyelocytic Leukemia" Int. J. Hemotol. Oncol. Stem Cell Res. 2014, 8(3), 44−54.

13 W. H. Miller Jr., H. M. Schipper, J. S. Lee, J. Singer, S. Waxman, "Mechanisms of Action of Arsenic Trioxide" Cancer Res. 2002, 62(14), 3893−3903.

14 K. Islam, Q. Q. Wang, H. Naranmandura, "Chapter Three − Molecular Mechanisms of Arsenic Toxicity" Adv. Mol. Toxicol. 2015, 9, 77−107.

15 산해경(山海經), ⟨The Classic of Mountains and Seas⟩. Translated by Anne Birrell. Penguin Classics, 1999, pp. 85−90. ISBN 978−0−14−044719−4.

16 J. P. Dumbacher, T. F. Spande, J. W. Daly, "Batrachotoxin Alkaloids from Passerine Birds: A Second Toxic Bird Genus (Ifrita Kowaldi) from New Guinea" Proc. Natl. Acad. Sci. USA, 2000, 97(24), 12970−12975.

17 H. Ali, U. Yaqoob, "Traditional Uses, Phytochemistry, Pharmacology, and Toxicity of Arisaema (Areaceae): A Review" Bull. Natl. Res. Cent. 2021, 45: 47.

18 P. Dey, T. K. Chaudhuri, "Pharmacological Aspects of Nerium Indicum Mill: A Comprehensive Review" Pharmacogn. Rev. 2014, 8(16), 156−162.

19 A. Inoue, T. Noguchi, S. Konosu, Y. Hashimoto, "A New Toxic Crab, Atergatis Floridus" Toxicon, 1968, 6(2), 119−120.

20 K. Haxton, "All about Arsenic" Nat. Chem. 2011, 3, 744.

21 M. Dash, "Chapter 6 − Aqua Tofana. Toxicology in the Middle Ages and Renaissance" 2017, 63−69.

화학으로 음악의 비밀을 풀 수 있을까?

1 E. Schubert, D. Fabian, "The Dimensions of Baroque Music Performance: A Semantic Differential Study" Psychol. Music, 2006, 34(4), 573−587.

2 M. K. Duffy, J. D. Shaw, "The Salieri Syndrome: Consequences of Envy in Groups" Small Group Res. 2000, 31(1), 3−23.

3 R. Reid, "Pushkin's Mozart and Salieri: Themes, Character, Sociology" Studies in Slavic Literature and Poetics, Vol. 24, 1995.

4 P. Charlier, F. B. Abdallah, R. Bruneau, S. Jacqueline, A. Augias, R. Bianucci, A. Perciaccante, D. Lippi, O. Appenzeller, K. L. Rasmussen, "Did the Romans Die of Antimony Poisoning? The Case of a Pompeii Water Pipe (79 CE)" Toxicol Lett. 2017, 281, 184−186.

5 S. Thomson, "Antimonyall Cupps: Pocula Emetica, Or Calices Vomitorii" Brit. Med. J. 1926, 1(3406), 669–671.

6 H. Sun, S. C. Yan, W. S. Cheng, "Interaction of Antimony Tartrate with the Tripeptide Glutathione" Eur. J. Biochem. 2003, 267(17), 5450–5457.

7 Ministry of Health. "Antimony Poisoning Due to the Use of Enamelled Vessels" Analyst, 1933, 58, 226–227.

8 W. J. Robinson, "The Medical Critic and Guide" Critic and Guide Company, Volume 8–10, 1907.

9 C. Kellett, "Poison and Poisoning: A Compendium of Cases, Catastrophes and Crimes" Accent Press Ltd. 2012.

10 P. Walter, E. Welcomme, P. Hallegot, N. J. Zaluzec, C. Deeb, J. Castaing, P. Veyssiere, R. Breniaux, J. −L. Leveque, G. Tsoucaris, "Early Use of PbS Nanotechnology for an Ancient Hair Dyeing Formula" Nano Lett. 2006, 6(10), 2215–2219.

11 K. Iqbal, M. Asmat, "Uses and Effects of Mercury in Medicine and Dentistry" J. Ayub. Med. Coll. Abbottabad, 2012, 24(3–4), 204–207.

12 P. E. Spargo, C. A. Pounds, "Newton's 'Derangement of the Intellect'. New Light on an Old Problem" Notes Rec. R. Soc. Lond. 1979, 34, 11–32.

13 L. W. Johnson, M. L. Wolbarsht, "Mercury Poisoning: A Probable Cause of Issac Newton's Physical and Mental Ills" Notes Rec. R. Soc. Lond. 1979, 34, 1–9.

14 M. Kumbar, "Musical Chemistry: Integrating Chemistry and Music" J. Chem. Edu. 2007, 84(12), 1933–1936.

15 2:1(옥타브):도&도, 3:2(완전5도):도&솔의 관계와 같다. 피타고라스 음률에서는 옥타브와 완전5도만이 존재하며, 완전5도를 12번 겹쳐 하나의 옥타브를 구성한다.

16 H. Swolkień, "Aleksander Borodin" Państwowy Instytut Wydawniczy, Warszawa, 1979.

17 B. P. Column, "The Crucible" Chemistry World, 2010, 7, 7.

18 C. −K. Su, S. −Y. C, J. −H. Chung, G. −C. Li, B. Brandmair, T. Huthwelker, J. L. Fulton, C. N. Borca, S. −J. Huang, J. Nagyvary, H. −H. Tseng, C. −H. Chang, D. −T. Chung, R. Vescovi, Y. −S. Tsai, W. Cai, B. −J. Lu, J. −W. Xu, C. −S. Hsu, J. −J. Wu, H. −Z. Li, Y. −K. Jheng, S. −F. Lo, H. M. Chen, Y. −T. Hsieh, P. −W. Chung, C. −S. Chen, Y. −C. Sun, J. C. C. Chan, H. −C. Tai, "Materials Engineering of Violin Soundboards by Stradivari and Guarneri" Angew. Chem. Int. Ed. 2021, 60(35), 19144–19154.

산으로 산을 넘을 수 있을까?

1 원문은 'Le mot impossible n'est pas francais.'로, '불가능이란 단어는 프랑스어가 아니다.'라는 의미였다. 사실, 나폴레옹은 알프스산맥 횡단이 아닌 마그데부르크의 비축 식량 수송을 거부한 군정장관 장 르 마루아(Jean le Marois)에게 1813년 7월 9일 보낸 편지에서 질책의 목적으로 언급하였다.

2 카르타고는 페니키아어 카르트 하다쉬트(Qart-hadašt)를 고대 그리스어로 음역한 단어를 다시 라틴어로 옮긴 명칭이다. 국내에서는 보편적으로 카르타고로 통용된다.

3 스키피오 아프리카누스에게 기원전 202년 10월 19일 카르타고 남서 지방 자마(Zama)에서 벌어진 전투에서 패배하였다.

4 G. Weinerth, "The Constructal Analysis of Warfare" Int. J. Des. Nat. Ecodynamics. 2010, 5(3), 268-276.

5 J. F. Lazenby, "Hannibal's War: A Military History of the Second Punic War" University of Oklahoma Press, 1988, p. 46.

6 해당 내용에 대한 원문은 다음과 같다. 'Inde ad rupem muniendam per quam unam via esse poterat milites ducti, cum caedendum esset saxum, arboribus circa immanibus deiectis detruncatisque struem ingentem lignorum faciunt eamque, cum et vis venti apta faciendo igni coorta esset, succendunt ardentiaque saxa infuso aceto putrefaciunt. Ita torridam incendio rupem ferro pandunt molliuntque anfractibus modicis clivos ut non iumenta solum sed elephanti etiam deduci possent.' – Titus Livius, XXI, 37.

7 J. Bourgeois, F. Barja, "The History of Vinegar and of Its Acetification Systems" Archives des Sciences, 2009, 62(2), 147-160.

8 C. S. Johnston, C. A. Gaas, "Vinegar: Medicinal Uses and Antiglycemic Effect" MedGenMed. 2006, 8(2): 61

9 R. A. Livingston, "Acid Rain Attack on Outdoor Sculpture in Perspective" Atmos. Environ. 2016, 146, 332-345.

10 C. Cortesia, C. Vilcheze, A. Bernut, W. Contreras, K. Gomez, J. de Waard, W. R. Jacobs Jr., L. Kremer, H. Takiff, "Acetic Acid, the Active Component of Vinegar, Is an Effective Tuberculocidal Disinfectant" mBio, 2014, 5(2): e00013-14.

11 "How Hot Does Wood Burn?"
(https://startwoodworkingnow.com/how-hot-does-wood-burn/)

12 P. Ambert, "Utilisation prehistorique de la technique miniere d'abattage au feu dans le district cuprifere de Cabrieres" (Herault). Comptes Rendus Palevol 1, 2002, 711-716.

13 G. Agricola, "De Re Metallica" Translated by Herbert Clark Hoover and Lou Henry

Hoover. 1st English ed. London: The Mining Magazine, 1912. p. 119.

2부 화학은 세상을 어떻게 바꿨나

반짝인다고 모두 금은 아니라서

1 T. Hobbes, Liveathan, sive, "De materia, forma, & potestate civitatis ecclesiasticae et civilis" Amsterdam: Joan Blaeu, 1668.

2 A. Van Helden, "The Invention of the Telescope" Trans. Am. Philos. Soc. 1977, 67(4), 1-67.

3 G. B. Kauffman, "The Meaning of Alchemy" (Reichstein, Tadeus). J. Chem. Educ. 1992, 69(5), A168.

4 European Southern Observatory, "Heavy Metal Stars" 22 August 2001. URL https://www.eso.org/public/news/eso0129/

5 A. Miethe, "Der Zerfall des Quecksilberatoms" Naturwissenschaften, 1924, 12, 597-598.

6 K. Aleklett, D. Morrissey, W. Loveland, P. McGaughey, G. Seaborg, "Energy Dependence of 209Bi Fragmentation in Relativistic Nuclear Collisions" Phys. Rev. C, 1981, 23(3), 1044-1046.

7 C. Cobb, H. Goldwhite, "Creations of Fire: Chemistry's Lively History from Alchemy to the Atomic Age" Basic Books, 2002. ISBN 978-0738205946

8 증식, 곱셈, 증대, 증식 등 양의 증가를 의미하는 다양한 용어로 해석될 수 있다. 연금술 금지법으로 표현할 수도 있으며, 저자는 증식이라는 용어를 주관적으로 판단해 사용하였음을 밝힌다.

9 Metal-Chemistry. "Encyclopedia Britannica" URL https://www.britannica.com/science/metal-chemistry

10 J. P. Farrell, "The Philosopher's Stone: Alchemy and the Secret Research for Exotic Matter" Feral House, 2009. ISBN 978-1932595406

11 G. Crichfield, "The Alchemical "Magnum Opus" in Nodier's "La Fee Aux Miettes"" Ninet. -Century Fr. Stud. 1983, 11(3/4), 231-245.

12 현재는 sedimentation으로 침강을 표현하지만, 연금술 용어로는 cibation이 일반적이다. 증류탑과 같은 실험 도구 역시 현재 용어(distillation tower)와 연금술 용어(athanor)가 다르며, 화합물의 경우도 삼염화 안티모니(SbCl₃)가 현재(Antimony(III) chloride)와 연금술

(Butter of Antimony)에서 큰 차이가 있는 것을 눈여겨볼 수 있다.

13 A. Cameron, "The Last Days of the Academy at Athenes" PCPhS, 1969, 15(195), 7-29.

14 J. J. Walsh, "Pope John XXII and the Supposed Bull Forbidding Chemistry" Med. Library Hist. J. 1905, 3(4), 248-263.

15 P. Kedrosky, "Value of Gold Over the Ages" Seeking Alpha, 2008. URL https:// seekingalpha.com/article/59244-value-of-gold-over-the-ages

16 J. R. Partington, "Alchemical Apparatus" Nature, 1931, 128, 118.

17 G. D. Chaitin, "Victor Hugo and the Hieroglyphic Novel" Ninet. -Century Fr. Stud. 1990, 19(1), 36-53.

18 H. Jantz, "Goethe, Faust, Alchemy, and Jung" Ger. Q. 1962, 35(2), 129-141.

19 J. F. Moffitt, "Alchemist of the Avant-Garde: The Case of Marcel Duchamp" (SUNY Serier in Western Esoteric Traditions). State University of New York Press, 2003. ISBN 978-0791457108

20 L. T. More, "Boyle as Alchemist" J. Hist. Ideas, 1941, 2(1), 61-76.

색깔과 화학이 관계를 맺는다면

1 W. Kutschera, "The Half-Life of 14C - Why Is It So Long?" Radiocarbon, 2019, 61(5), 1135-1142.

2 C. J. Farago, "Leonardo's Color and Chiaroscuro Reconsidered: The Visual Force of Painted Images" Art Bull. 1991, 73(1), 63-88.

3 L. de Viguerire, P. Walter, E. Lavel, B. Mottin, V. A. Sole, "Revealing the Sfumato Technique of Leonardo da Vinci by X-Ray Fluorescence Spectroscopy" Angew. Chem. Int. Ed. 2010, 49(35), 6125-6128.

4 M. Rzepińska, K. Malcharek, "Tenebrism in Baroque Painting and Its Idealogical Background" Artibus His. 1986, 7(13), 91-112.

5 민병대 Cocq 대위의 이름을 빗대어 수탉(Coq)이 민병대 상징이라는 이야기와 함께, 렘브란트가 독수리 대신 수탉을 그려 이름을 비꼰 것이라는 이야기도 있다.

6 https://www.rijksmuseum.nl/en/stories/operation-night-watch

7 세포의 겉껍질, 유전물질인 DNA 등 인체를 구성하는 생체 분자에는 인이 다량 함유되어 있다. 인간을 기준으로 체중의 1%는 인이 차지하고 있으며, 원자의 개수 기준으로는 약 0.22%에 해당한다. 이는 인간을 구성하는 모든 원소 중 여섯 번째로 높은 수치다.

8 H. G. Volz, et al. "Pigments, Inorganic. Ullmann's Encyclopedia of Industrial Chemistry" Weineim: Wiley-VCH, 2006. ISBN 3527306730.

9 V. Gonzalez, M. Cotte, G. Wallez, A. van Loon, W. de Nolf, M. Eveno, K. Keune, P. Noble, J. Dik, "Unraveling the Composition of Rembrandt's Impasto through the Identification of Unusual Plumbonacrite by Multimodal X-Ray Diffraction Analysis" Angew. Chem. Int. Ed. 2019, 58(17), 5619-5622.

10 리사지는 연백이나 연단(鉛丹) 외에도 유사한 다른 물질들을 표현하기 위해 사용되는 용어이다. 납에서 은의 분리 시 발생하는 부산물, 유사한 형태로 얻어지는 금속 산화물 등 다양한 경우에 일반적으로 사용될 수 있다.

11 A. van Loon, A. A. Gambardella, V. Gonzalez, M. Cotte, W. de Nolf, K. Keune, E. Leonhardt, S. de Groot, A. N. P. Gaibor, A. Vandivere, "Out of the Blue: Vermeer's Use of Ultramarine in Girl with a Pearl Earring" Herit. Sci. 2020, 8:25.

12 라피스 라줄리의 푸른색은 망상규산염 광물인 소달라이트(Sodalite, $Na_4Al_3Si_3O_{12}Cl$)에 의해 만들어진다. 라피스 라줄리 가루는 군청(ultramarine)색 자연 안료로 사용되었다.

13 F. Pozzi, K. J. van der Berg, I. Fiedler, F. Casadio, "A Systematic Analysis of Red Lake Pigments in French Impressionist and Post-Impressionist Paintings by Surface-Enhanced Raman Spectroscopy (SERS)" J. Raman Spectrosc. 2013, 45(11-12), 1119-1126.

14 http://www.artiscreation.com/yellow.html

15 A. van Loon, P. Noble, A. Krekeler, G. Van der Snickt, K. Janssens, Y. Abe, I. Nakai, J. Dik, "Artificial Orpiment, a New Pigment in Rembrandt's Palette" Herit. Sci. 2017, 5:26.

16 M. Alfeld, W. D. Nolf, S. Cagno, K. Appel, D. P. Siddons, A. Kuczewski, K. Janssens, J. Dik, K. Trentelman, M. Walton, A. Sartorius, "Revealing Hidden Paint Layers in Oil Painting by Means of Scanning Macro-XRF: A Mock-up Study Based on Rembrandt's "An Old Man in Millitary Costume" J. Anal. At. Spectrom. 2013, 28, 40-51.

17 NH_3와 H_2O는 각각 암모니아와 물 분자이나, 금속과 배위결합하는 리간드로 작용할 때는 명칭이 암민(ammine)과 아쿠아(aqua)로 바뀐다.

화약은 어떻게 세계의 패러다임을 전환한 것일까?

1 G. M. Hollenback, "Notes on the Design and Construction of Urban's Giant Bombard" Byzantine and Modern Greek Studies, 2002, 26, 284-291.

2 R. Holmes, "Medieval Europe's First Firearms" Medieval Warfare, 2015, 5(5), 49−52.

3 A. S. Bradford, "War: Antiquity and Its Legacy Ancients and Moderns Series" I. B. Tauris, 2014, p.61.

4 "Slaughter in the Park: The Battle of Pavia" (https://warfarehistorynetwork.com)

5 J. P. Agrawal, "High Energy Materials: Propellants, Explosives and Pyrotechnics" Wiley−VCH, 2010.

6 J. Needham, "Science and Civilisation in China: Military Technology: The Gunpowder Epic" Volume 5, Part 7. Cambridge University Press, 1987.

7 F. Seel, "Sulfur in History: The Role of Sulfur in "Black Powder". Studies Inorg" Chem. 1984, 5, 55−66.

8 W. Dallimore, "The Black or Berry−Bearing Alder for Gunpowder" (Rhamnus frangula, L.). Bull. Misc. Inform. 1915, 1915(6), 304−306.

9 E. S. Freeman, "The Kinetics of the Thermal Decomposition of Potassium Nitrate and of the Reaction between Potassium Nitrite and Oxygen" J. Am. Chem. Soc. 1957, 79(4), 838−842.

10 T. L. Davis, "The Chemistry of Powder and Explosives" Pickle Partners Publishing, 2016.

11 초석의 생산은 주로 사용되던 지역에 따라 이 외에도 프로이센식(Prussian), 스웨덴식(Swedish), 스위스식(Swiss) 방법이 있다.

12 일반적인 경우 불순물이 혼합된 공업용 벤젠을 의미하며, 5~25%의 톨루엔(toluene)이나 페놀(phenol) 등이 혼합되어 있다.

13 P. Suppajariyawat, M. Elie, M. Baron, J. Gonzalez−Rodriguez, "Classification of ANFO Samples Based on Their Fuel Composition by GC−MS and FTIR Combined with Chemometrics" Forensic Sci. Int. 2019, 301, 415−425.

유리에 색은 어떻게 입힐까?

1 S. C. Rasmussen, "How Glass Changed the World. The History and Chemistry of Glass from Antiquity to the 13th Century" Springer, 2012. ISBN: 978−3−642−28182−2

2 N. Kim, "Aesthetics of Romanesque Architecture" J. Aesthet. Educ. 2021, 55(1), 90−108.

3 아치의 형태로 천장과 지붕을 이루는 곡면 구조체를 의미한다. 두 개 혹은 그 이상의 궁륭이 서로 교차하면 천장을 아치 형태로 내구성과 함께 대칭적 아름다움을 부여한다.

4 C. McDowall, "Inventing the Gothic Style at St Denis" 9th September 2012. https://www.thecultureconcept.com/inventing-the-gothic-style-at-st-denis

5 R. Branner, "Gothic Architecture" J. Soc. Archit. Hist. 1973, 32(4), 327-333.

6 A. Samper, B. Herrera, "A Study of the Roughness of Gothic Rose Windows" Nexus Netw. J. 2016, 18, 397-417.

7 J. E. K. Schawe, J. F. Loffler, "Existence of Multiple Critical Cooling Rates Which Generate Different Types of Monolithic Metallic Glass" Nat. Commun. 2019, 10:1337.

8 G. O. Gomes, H. E. Stanley, M. de Souza, "Enhanced Gruneisen Parameter in Supercooled Water" Sci. Rep. 2019, 9:12006.

9 C. A. Angell, "Insights into Phases of Liquid Water from Study of Its Unusual Glass-Forming Properties" Science. 2008, 319(5863), 582-587.

10 W. Cross, J. P. Iddings, L. V. Pirsson, H. S. Washington, "The Texture of Igneous Rocks" J. Geol. 1906, 14(8), 692-707.

11 Y. Xu, Y. Li, N. Zheng, Q. Zhao, T. Xie, "Transparent Origamic Glass" Nat. Commun. 2021, 12:4261.

12 R. Pillay, R. Hansraj, N. Rampersad, "Historical Development, Applications and Advanced in Materials Used in Spectacle Lenses and Contact Lenses" Clin. Optom. (Auckl). 2020, 12, 157-167.

13 P. S. Steif, "Ductile Versus Brittle Behavior of Amorphous Metals" J. Mech. Phys. 1983, 31(5), 359-388.

14 Roger Mears Architects, "Glass and Glazing: A Guide to Historic Glass" https://www.rmears.co.uk/our-publications/glass-and-glazing/

15 E. Meechoowas, B. Petchareanmongkol, P. Jampeerung, K. Tapasa, "The Effect of Decolorizing Agent on the Optical Properties of High Iron Contents Soda-Lime Silicate Glass" Key Eng. Mater. 2018, 766, 28-33.

16 이색성이란 한 색은 반사광(反射光)으로, 또 다른 색은 투과광(透過光)으로 나타나는 상태를 의미한다.

17 I. Freestone, N. Meeks, M. Sax, C. Higgitt, "The Lycurgus Cup — A Roman Nanotechnology" Gold Bull. 2007, 40, 270-277.

18 G. Molina, S. Murcia, J. Molera, C. Roldan, D. Crespo, T. "Pradell, Color and Dichroism of Silver-Stained Glasses" J. Nanopart. Res. 2013, 15: 1932.

19 S. P. Feld, ""Nature in Her Most Seductive Aspects": Louis Comfort Tiffany's Favrile Glass" Metrop. Mus. Art Bull. 1962, 21(3), 101-112.

3부 인간은 화학을 어떻게 사용해야 할까

불을 무기로 사용하면서도 윤리적으로 옳을 수 있을까?

1 R. H. Simpson, "Leonidas' Decision" Phoenix, 1972, 26(1), 1−11.

2 E. Abbott, "The Seige of Plataea" Classic. Rev. 1890, 4(1/2), 1−3.

3 J. T. Hancock, "Cell Signalling" 4th ed. Oxford, United Kingdom, 2017.

4 J. R. Kershaw, "The Chemical Composition of a Coal−Tar Pitch" Polycycl. Aromat. Compd. 1999, 3(3), 185−97.

5 P. Hellier, M. Talibi, A. Eveleigh, N. Ladommatos, "An Overview of the Effect of Fuel Molecular Structure on the Combustion and Emission Characteristics of Compression Ignition Engines" P. I. Mech. Eng. D−J. Aut. 2017, 232(1), 90−105.

6 B. D. Holt, A. G. Engelkemeir, "Thermal Decomposition of Barium Sulfate to Sulfur Dioxide for Mass Spectrometric Analysis" Anal. Chem. 1970, 42(12), 1451−1453.

7 "Desert Rose" https://www.mindat.org/show.php?id=1268

8 비잔티움(Byzantium)은 보스포루스 해협(Bosporus Thracius)에 위치한 고대 그리스 도시로 콘스탄티노플(Constantinople)로 일컬어졌으며, 현재의 이스탄불(Istanbul)에 해당한다. 콘스탄티노플이 수도로 형성되었던 동로마제국 시대를 지칭하는 비잔틴(Byzantine) 제국과는 구분된다.

9 A. Roland, "Secrecy, Technology, and War: Greek Fire and the Defence of Byzantium" 678−1204. Technol. Cult. 1992, 33(4), 655−679.

10 E. Croddy, "Chemical and Biological Warfare: A Comprehensive Survey for the Concerned Citizen" Springer, 2002, p. 128.

11 Y. Chen, Z. An, M. Chen, "Competition Mechanism Study of Mg+H_2O and MgO+H_2O Reaction" Mater. Sci. Eng. 2018, 394: 022015.

12 R. L. Keiter, C. P. "Gamage, Combustion of White Phosphorus" J. Chem. Edu. 2001, 78(7), 908−910.

13 Y. Lei, B. Song, M. Saakes, R. D. van der Weijden, C. J. N. Buisman, "Interaction of Calcium, Phosphorus and Natural Organic Matter in Electrochemical Recovery of Phosphate" Water Res. 2018, 142(1), 10−17.

14 N. N. Greenwood, A. Earnshaw, "Chemistry of the Elements" 2nd ed. Butterworth− Heinemann, 1997.

15 C. McEvedy, "The New Penguin Atlas of Medieval History" New York: Penguin, 1992.

16 G. Ostrogorsky, "History of the Byzantine State" translated by J. Hussey, rev. ed. New Brunswick, N. J. 1969, p. 200

17 H. Goldschmidt, "Verfahren zur Herstellung von Metallen oder Metalloiden oder Legierungen derselben" Deutsche Reichs Patent no. 96317.

18 L. F. Fieser, G. C. Harris, E. B. Hershberg, M. Morgana, F. C. Novello, S. T. Putnam, "Napalm" Ind. Eng. Chem. 1946, 38(8), 768−773.

위험하고 치명적인 화학무기의 존재 이유는 무엇일까?

1 C. Rothenberg, S. Achanta, E. R. Svendsen, S. −E. Jordt, "Tear Gas: An Epidemiological and Mechanistic Reassessment" Ann. N. Y. Acad. Sci. 2016, 1378(1), 96−107.

2 E. Fattorusso, V. Lanzotti, O. Taglialatela−Scafati, G. C. Tron, G. Appendino, "Bisnorsesquiterpenoids from Euphorbia resinifera Berg. and an Expeditious Procedure to Obtain Resiniferatoxin from Its Fresh Latex" Eur. J. Org. Chem. 2002, 1, 71−78.

3 E. C. Bate−Smith, "Flavonoid Compounds in Foods" Adv. Food Res. 1954, 5, 261−300.

4 H. T. Lawless, C. J. Corrigan, C. B. Lee, "Interaction of Astringent Substances" Chem. Senses, 1994, 19, 141−154.

5 김준곤, 《먹고 마시는 모든 것》, 맨투맨사이언스, 2021, p. 160.

6 V. A. Parthasarathy, B. Chempakam, T. J. Zachariah, "Chemistry of Spices" CABI, 2008, p. 274.

7 과거에는 직접 맛을 보았으나 대상에 따라 민감도가 다르다는 문제가 있었다. 현재는 크로마토그래피 분석을 통해 분리하는 등 정량적인 분석법을 통해 측정되고 있다.

8 F. Yang, J. Zheng, Understand Spiciness: "Mechanism of TRPV1 Channel Activation by Capsaicin" Protein Cell. 2017, 8(3), 169−177.

9 M. J. Iadarola, A. J. Manners, "The Vanilloid Agonist Resiniferatoxin for Interventional−Based Pain Control" Curr. Top. Med. Chem. 2011, 11(17), 2171−2179.

10 D. W. Thompson, "Ancient Chemical Warfare" The Classical Review, 1933, 47(5), 171−172.

11 백각기린 수액은 추출된 후 고무와 같이 덩어리져 뭉치는 성질이 있으며 물에 잘 녹지 않기 때문에, 말려 가루 내 뿌리는 방식이 가장 효과적으로 사용될 수 있는 방법이었다.

12 현재는 핵폭발의 위력(nuclear)과 방사능(radiological)을 구분하고 있으며, 순항미사일이나 탄도미사일, 다연발로켓 등 고폭 화약 무기(explosive)를 비대칭전력에 포함해 CBRNE 로 정의하고 있다.

13 P. G. Blain, "Tear Gases and Irritate Incapacitants. 1−Chloroacetophenone, 2−Chlorobenzylidene Malononitrile and Dibenz[b,f]−1,4−oxazepine" Toxicol. Rev. 2003, 22(2), 103−110.

14 B. F. Bessac, M. Sivula, C. A. von Hehn, A. I. Caceres, J. Escalera, S. −E. Jordt, "Transient Receptor Potential Ankyrin 1 Antagonists Block the Noxious Effect of Toxic Industrial Isocyanates and Tear Gases" FASEB J. 2009, 23(4), 1102−1114.

15 P. D. Blanc, "Acute Response to Toxic Exposures" in book: Murray and Nadel's Textbook of Respiratory Medicine. 2016, pp. 1343−1353.

16 사이안산은 푸른색의 염료물질인 프러시안 블루(Prussian blue)의 분해에서 처음 분리되었기 때문에, 청산이라는 명칭을 갖게 되었다.

17 I. Denholm, G. J. Devine, M. S. Williamson, "Insecticide Resistance on the Move" Science, 2002, 297(5590), 2222−2223.

반전 있는 이야기

1 S. Freud, J. Strachey, H. Cixous, R. Dennome, "Fiction and Its Phantoms: A Reading of Freud's Das Unheimliche (The "Uncanny")" New Lit. Hist. 1976, 7(3), 525−548+619−645.

2 L. H. Maack, P. E. Mullen, "The Doppelgänger, Disintegration and Death: A Case Report" Psychol. Med. 1983, 13(3), 651−654.

3 J. L. Brandl, "The Puzzle of Mirror Self−Recognition" Phenomenol. Cogn. Sci. 2018, 17, 279−304.

4 R. E. Dickerson, H. R. Drew, B. N. Conner, R. M. Wing, A. V. Fratini, M. L. Kopka, "The Anatomy of A−, B−, and Z−DNA" Science, 1982, 216(4545), 475−485.

5 F. F. Abeles, "Mathematics: Logic and Lewis Carroll" Nature, 2015, 527, 302−303.

6 E. Fischer, "Ueber die Configuration des Traubenzuckers und seiner Isomeren" Ber. Dtsch. Chem. Ges. 1891, 24, 1836−1845.

7 D. G. Blackmond, "The Origin of Biological Homochirality" Cold Spring Harb. Perspect. Biol. 2010, 2(5): a002147.

8 U. J. Meierhenrich, "Amino Acids and the Asymmetry of Life" Eur. Rev. 2013, 21(2), 190−199.

9 D와 L은 상대 배치(relative configuration), R와 S는 절대 배치(absolute configuation)로 구분된다. 상대 배치의 경우 D나 L의 탄소에 연결된 분자 덩어리의 일부에 변화가 발생해도 처음과 같은 방향성을 유지한다. 아미노산이나 탄수화물 등 생분자의 입체를 표현하는데 주로 사용된다. 반면, 절대 배치는 변화가 발생할 때 정해진 규칙(Cahn-Ingold-Prelog 우선순위 규칙이라 부른다. 1966년 발명)에 따라 입체 표현이 달라질 수 있다. 사실 S는 라틴어로 왼쪽을 뜻하는 sinister지만 R은 라틴어로 '옳다'는 의미의 rectus가 사용되어 오른/왼의 대응적 개념이 성립하지 않는다. 기존에 사용되던 상대 배치(에밀 피셔Emil Fischer에 의해 1880년 발명)에서의 D와 혼동을 피하기 위해 불가피하게 선택되었다.

10 R. S. Cahn, C. K. Ingold, V. Prelog, "Specification of Molecular Chirality" Angew. Chem. Int. Ed. 1966, 5(4), 385−415.

11 T. Paravar, D. J. Lee, "Thalidomide: Mechanisms of Action" Int. Rev. Immunol. 2008, 27(3), 111−135.

12 J. S. Yoon, D. −C. Jeong, J. −W. Oh, K. Y. Lee, H. S. Lee, Y. Y. Koh, J. T. Kim, J. H. Kang, J. S. Lee, "The Effects and Safety of Dexibuprofen Compared with Ibuprofen in Febrile Children Caused by Upper Respiratory Tract Infection" Br. J. Clin. Pharmacol. 2008, 66(6), 854−860.

13 T. Eriksson, S. Bjorkman, P. Hoglund, "Clinical Pharmacology of Thalidomide" Eur. J. Clin. Pharmacol. 2001, 57(5), 365−376.

14 J. Lu, N. Helsby, B. D. Palmer, M. Tingle, B. C. Baguley, P. Kestell, L. M. Ching, "Metabolism of Talidomide in Liver Microsomes of Mice, Rabbits, and Humans" J. Pharmacol. Exp. Ther. 2004, 310(2), 571−577.

15 N. Vargesson, "Thalidomide Embryopathy: An Enigmatic Challenge" Int. Sch. Res. Notices. 2013, 241016.

16 A. A. Chanan−Khan, A. Swaika, A. Paulus, S. K. Kumar, J. R. Mikhael, S. V. Rajkumar, A. Dispenzieri, M. Q. Lacy, "Pomalidomide: The New Immunomodulatory Agent for the Treatment of Multiple Myeloma" Blood Cancer J. 2013, 3: e143.

17 S. W. Smith, "Chiral Toxicology: It's the Same Thing... Only Difference" Toxicol. Sci. 2009, 110(1), 4−30.

18 G. Rhodes, F. Proffitt, J. M. Grady, A. Sumich, "Facial Symmetry and the Perception of Beauty" Psychon. Bull. Rev. 1998, 5, 659−669.

역사가 묻고 화학이 답하다

시간과 경계를 넘나드는 종횡무진 화학 잡담

초판 1쇄 발행 2022년 5월 25일
초판 6쇄 발행 2024년 4월 22일

지은이 • 장홍제

펴낸이 • 박선경
기획/편집 • 이유나, 지혜빈, 김선우
외주 편집 • 권혜원
마케팅 • 박언경, 황예린
표지 디자인 • 조성미
제작 • 디자인원(031-941-0991)

펴낸곳 • 도서출판 지상의책
출판등록 • 2016년 5월 18일 제2016-000085호
주소 • 경기도 고양시 일산동구 호수로 358-39 (백석동, 동문타워 I) 808호
전화 • (031)967-5596
팩스 • (031)967-5597
블로그 • blog.naver.com/kevinmanse
이메일 • kevinmanse@naver.com
페이스북 • www.facebook.com/galmaenamu
인스타그램 • www.instagram.com/galmaenamu.pub

ISBN 979-11-97637-94-0 / 03430
값 15,800원